超好孕！
正妹媽咪
盧小蜜的
快樂育兒經
盧小蜜—著

推薦序

第一次養小孩就上手！

——巴哈姆特網站副執行長 Carson

認識小蜜七、八年了，我一直覺得她是位很特別的人。

最初開始接觸小蜜是因為找她當電視節目主持人，在舉辦主持人網路票選時，我多嘴地問她：「妳的簡介裡，『我有一個交往了很久的男朋友』，這句要修掉嗎？」沒想到她的答覆是：「這樣寫滿好的呀，這句不要刪。」那時候我就覺得這個人好有自己的個性。

本來覺得這樣的直爽個性會隨著小蜜結婚、生子而慢慢改變（結婚生子的確會徹底改變一個人），沒想到完全沒有！她一樣用她樂天而又有個性的處事態度，勇敢又大步地往人生每一個階段前進（馬上又生了第二胎！）。

小蜜樂觀但又務實，這樣的心態其實很適合新手媽咪。別看她外表新潮，但骨子裡其實很傳統，從她坐月子都不洗頭就可以得知。但勇於表達的她，懷孕期間就常去「挑戰」醫生一些問題，像是「懷孕真的不能吃冰嗎？」、「為什麼不能喝咖啡？」這種敢試敢問的個性，再加上她一向樂於與大家分享，以至於懷孕後吸引了眾多的媽咪粉絲（包含我老婆）。「小蜜真的是個滿酷的媽媽」是我老婆對小蜜的評價。

另一方面，小蜜和她小孩的互動，也常讓我和老婆笑翻。胖 nana 哭鬧時，小蜜下令「等一下」，胖 nana 就會用手比 1；小蜜說：「冷靜」，胖 nana 就會把手掌放在臉上，強迫自己冷靜；當小蜜說：「鋼鐵人起飛」，胖 nana 就會立正、手掌往下，然後開始向前衝刺。我想這種有點無厘頭的教育方式，不僅能讓爸媽帶小孩帶得開心，小孩長大後也能夠百分之百遺傳到媽媽活潑樂觀的個性吧。

新手爸媽從懷孕一直到小孩出生後的早期教育，多少都會面臨到許多讓人手足無措、甚至心情大受影響的狀況。小蜜的懷孕育兒路也不是完全沒遇到問題，但她總是能用另一種正向的角度來看待這些事，我想這是媽咪粉絲們會喜愛小蜜的主要原因。我問小蜜養小孩辛不辛苦？她回答：「不會呀，養小孩其實非常有趣，這玩具太好玩了，有時還會唱反調挑戰你！」

寫這篇序的當下，書名還沒有定案。我建議可以用「第一次養小孩就上手」，甚至於下一本書名也可以是「第二次養小孩就上癮」。因為真的很少看到像盧小蜜一樣，能帶小孩帶得這麼有心得，且還能自得其樂的媽媽！

這本書誠摯推薦給準備懷孕、懷孕中或是剛生產完的新手媽咪！

推薦序

可愛又樂觀的好學好媽咪！

——部落客 **Chiao**

我印象中大概跟小蜜見面第二次後，就愛上她了！然後才沒見幾次面，就完全把她當成我的好友，有什麼就聊什麼，什麼話都能聊、能講，還樂觀得不得了！每次看到她都會心情超好，就算我生活上遇到困難找小蜜聊，她不一定能幫我解決事情，不過她的樂觀讓我覺得非常正向，最後我也能開心地面對困難！

我生完小孩後換小蜜也懷孕了，我們就聊了更多有趣的媽媽話題，交換很多有趣的經驗！有一次小蜜說她理想上希望有五、六個小孩時，我整個超佩服她，心中也深深覺得如果是小蜜的話，那一定沒問題！因為她的寶貝們絕對會跟媽咪一樣可愛又開心地成長，我也可以想像她的寶貝們圍繞小蜜又打又鬧的歡樂畫面！

其實所有的媽咪再怎麼有好點子或積極樂觀有體力，還是都會碰到困難而一時煩惱著要怎麼解決！我跟小蜜有時也都會聊到並互相交換好方法，常常就這樣發現許多好方法，也激發不少有趣的事情！

我想，在這本書中，小蜜也一定能給大家帶來許多有趣的育兒事，希望大家都能看到更多不一樣又開心的育兒法，多看多趣事，越看越歡樂！我跟小蜜可能太熟的關係，要把她形容得多神是不可能的，但我很確定的是，這麼可愛歡樂又樂觀的好學好媽咪，絕對能給所有媽咪們一個不一樣的歡樂世界。快把歡樂帶回家吧！

推薦序

正妹媽媽的超級魅力！

——部落客 **Maki**

什麼！小蜜要出「育兒」書了！（驚）

我的意思是，怎麼現在才出啦？早就應該出了～

認識小蜜一家是很快樂的事，我很喜歡這家人容易帶給大家愉悅心情的渲染力。小蜜是個很不媽媽的「媽媽」，我確定這是個誇獎無誤。寓教於「樂」用來形容她算是挺貼切的，和孩子一起玩樂像個大孩子般，我想身為她的小孩應該會覺得非常幸福。

一個媽媽教育的成效其實看小孩的表現最直接，每每帶著女兒小寶和胖 nana 遊戲玩樂時，我總是很安心也很樂見自己的孩子跟他們家胖 nana 玩在一起。胖 nana 是個性和教養表現都很令人喜愛的小男孩，連我還沒生小孩的朋友都很喜歡這個小男生。我想因為小蜜讓不少不想與不敢生小孩的男男女女，都產生了「增產報國」的念頭。（笑）

看小蜜撰寫育兒點滴的字裡行間，她不造作的文字真實流露，看她的文章沒有壓力，也常常看到某些段落會忍不住隨著內容而大笑，這就是這位正妹媽媽的魅力，推薦給所有媽咪們！

推薦序

一本充滿愛與知識的育兒寶典！

——瘦身正妹 可藍

在一次偶然的際遇下遇見小蜜，當時我們兩個人都是懷孕狀態，匆匆一面卻感覺很是親切，後來才發現我們共同的朋友很多之外，原來我也有鎖定小蜜豐富且充滿愛的部落格（羞）。

小蜜擁有大大寶老公胖子、大寶胖 nana 還有二寶水晶晶，從懷孕開始、中後期，辛苦的地方、開心的地方，再到產後護理及擁有胖 nana 後的日子，之後懷上水晶晶的點點滴滴，幸福的背後也有不斷溝通的過程。

因為對一個第一次懷孕、第一次當媽媽的我來說，有太多的不知道以及想知道！從小蜜認真的分享以及探索裡，可以深知，一個「阿目」願意花這樣多的時間，將過程以及育兒的點點滴滴記錄下來，就可以明白她的母愛有多豐沛。當然，要擠出時間寫下來也是一件多麼不容易的事！更何況還寫了一本育兒書，這根本就是一個寶典來著啊～

胖子（爸爸）

無敵工作狂，不擅長甜言蜜語，愛就是行動表現，只要有空就很愛帶小孩出去玩，講故事、幫小孩洗澡也很樂在其中。

小蜜（媽媽）

瘋瘋癲癲，樂天，平常就像個小孩，但要展現媽媽的威嚴跟教導規矩也是沒在開玩笑的。

水晶晶(女兒)

六個月大，目前只會喝奶、睡覺、要人家跟她玩。最近開始不甘寂寞，很愛吊嗓子大吼尖叫。水晶晶是泰文很漂亮的意思~

胖nana(兒子)

兩歲三個月大，愛表演，不怕生，常常有搞笑行徑出現，會叫做胖nana是因為小時候黃疸很嚴重，又黃又胖，像胖香蕉。

目錄

Chapter ONE 正妹變媽咪

Chapter TWO 新手媽媽養成術

Chapter THREE 聰明育兒妙方

Chapter FOUR

拎著小人看世界

Chapter FIVE

孩子的教育不能等

Chapter SIX

口碑推薦！CP值超高好物

LOVE MY DADDY!

Chapter

ONE

正妹變媽咪

我要當媽媽了！

我和老公胖子從高中就開始交往，一路愛情長跑了八年多之後，才步入結婚禮堂。我們是那種超級愛玩的夫妻檔，舉凡朋友聚會、唱歌、喝酒……等等，這類場合是絕對不會錯過的，更別說經常在國內、國外到處旅遊了。

很多較年長的朋友因此會對我們有種先入為主的觀念，以為我們抱持著「年輕夫妻不想太早生孩子」的想法，所以常常勸我們可以早點生小孩。殊不知，我們其實一點都不排斥年紀輕輕就生孩子，而且我們還不是只想生一個孩子而已！

或許很多夫妻會擔心生養小孩的花費很大，害怕負擔不起這些哩哩扣扣的開銷，但其實我看過很多想等經濟穩定一點、做好心理準備後再生小孩的夫妻案例，卻發現他們根本沒有準備好的時候。越擔心害怕，只會越來越不敢生孩子，而且隨著時間一點一滴流逝，等到變成高齡產婦後才悔不當初，此時不僅沒有足夠的體力陪伴小孩長大，也難以兼顧事業和家庭，甚至等有些女性朋友想生孩子的時候才發現，原來懷孕是件困難的事。所以，後來我也變成「勸生族」的一員！只要不是打定這輩子不生孩子的人，若感情穩定了，有點經濟基礎了，就生吧！反正永遠都沒有準備好的一天啊！

我的外表看起來雖然是個光鮮又時髦的辣妹（撥頭髮），但骨子裡其實是很老

派的，我也一直深信老人家口中說的那句老生常談：「小孩會自己準備便當（財富）前來。」所以，關於生孩子這件事，我不會考慮太多，也不覺得以自己目前的經濟狀況肯定養不起，拚命去設想一些不知道什麼時候會發生的事情。我想，這樣只會在還沒生孩子之前，就先把自己給嚇個半死吧！

其實養育小孩有很多方法，如果堅持要給他們吃最好的、用最好的，統統都買高級貨的話，當然要花費很多金錢；不過像是喝母奶健康又省錢，而在採購衣服、生活用品、玩具這些日常物品時，都以價格平實、CP值高的標準來挑選的話，養孩子真的不需要花上很大一筆錢！

在結婚的頭一年，我們夫妻因為還在適應雙方的家庭，不想在兩個人的家庭還不熟悉時，就多一個人來攪局，因此有認真避孕！這中間當然又有很多前輩以過來人的經驗告訴我們：「要生就早點生，才有體力帶！」不過這句話對本來就打算生孩子的我們來說並不是重點，重點是他們都會再補上一句：「你們以為說懷孕就能

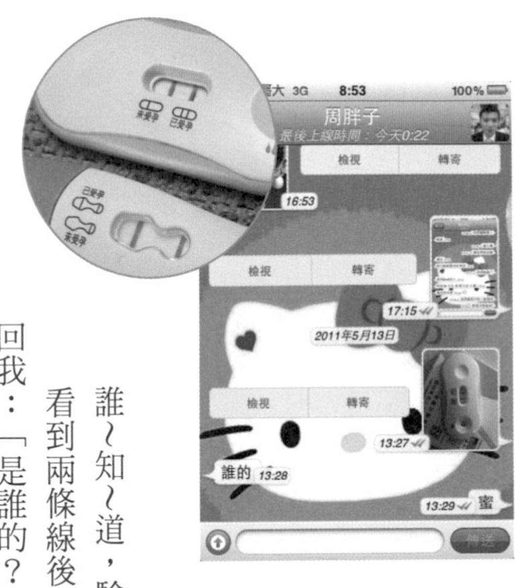

懷孕啊？懷孕哪有這麼簡單！」就是這句話，讓我們很放心地開始不避孕了，想說要懷孕也沒那麼容易啊！就順其自然吧，中了就生！

誰知道……才沒避孕一個月，就在下次月經應該要來的那一週，我一直覺得胸部脹脹的，而且「好朋友」也晚了幾天都沒來，因此經過藥局的時候，想著順道買個驗孕棒來驗驗看好了！

誰～知～道，驗完的驗孕棒上竟然出現了兩條線！

看到兩條線後，我馬上傳APP給胖子看，豈料胖子也很幽默地回我：「是誰的？」，其實他不是問說誰的孩子，而是問說誰的驗孕棒！哈！可見我們都不敢相信！等到他晚上下班回家時，我發現他的車子後座竟然有六瓶啤酒，還說是要給自己壓驚用的。因為我們雖然有計畫要「生產報國」，可是也沒想過事情竟然突如其來地就發生了！要不是我有「兩條線」，我也很想來一罐壓壓驚！

隔天早上，我又換了別款驗孕筆再驗一次，這次還是出現清清楚楚的兩條線。當看到這個「已受孕」的顯示標誌時，我的腦海中一直有好多想法蹦出來，像是：「那我之後

肚子是會炸開嗎？」、「會害喜、嘔吐嗎？」、「這小鬼是屬兔還屬龍？我想生屬龍的耶！」……就像有一種祕密憋在心裡、超級不舒坦的感覺，很想找人討論和分享！不過，當下最要緊的還是找個婦產科確認，於是我很快上網找了一家婦產科去看診。

到醫院後，婦產科醫生問了我一些相關症狀和經期的問題後，就安排我照超音波。只見超音波上出現了很多一般人絕對看不懂的黑黑怪圖，這時我也只能默默地聽醫生宣告：「寶寶現在四週大，再過兩週應該就會有心跳了。」

或許是我和螢幕裡的那個小白點還不熟，所以沒有出現喜極而泣、眼睛放出光芒的戲劇化反應。我想，醫生心裡應該也很納悶吧，這個女人怎麼一點都看不出當媽媽的喜悅呢？

等確定真的有個baby在我的肚子裡後，緊接著就是一連串的疑難雜症Q＆A時間。重點來了！我在不知道自己已經懷孕的情況下，曾經連喝了好幾天的啤酒……但醫生告訴我：「之後不要再喝酒就好，不然會影響baby的發育，體型會太小、體重過輕。」

我忍不住開玩笑地指著螢幕上的胚囊小白點，對醫生說：「會比他小嗎？」結果剎那間空氣一下子凍結了，整個看診間裡的氣氛顯得有些尷尬，看來醫生完全不懂我的幽默啊……真是有夠糗的！當時我心想，我需要一個有幽默感的醫生啊！（抱頭）

總之，不管怎麼樣，「我要當媽媽了！」，這件事是千真萬確的。

懷孕

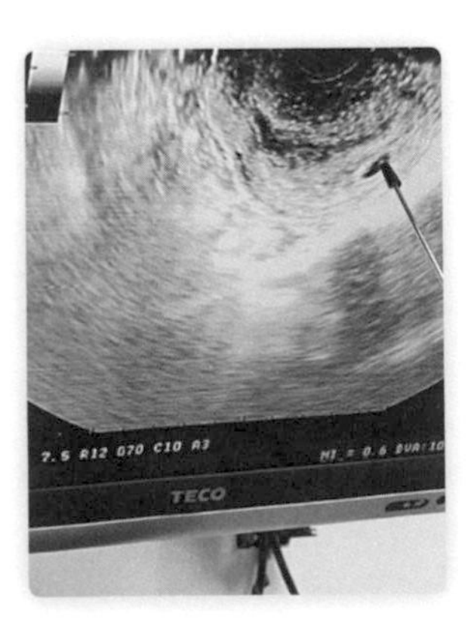

生孩子生上癮

懷胖nana好像是昨天的事情一樣，結果當了新手媽媽一年一個月之後，我又懷孕啦！這次還超lucky的，如我和胖子所願，生了個女兒「水晶晶」，總算可以好好地滿足我想要打扮女兒的願望啦！而當胖子知道懷的是女兒後，也樂得快升天了！果然，女兒是爸爸上輩子的情人啊！

有了第一胎的經驗後，懷孕的過程中，我減少了很多不知所措的心情，對於選擇產檢醫院、坐月子中心、孕婦必需品、生產必需品、寶寶必需品等等這些瑣碎事項，也就感覺沒那麼棘手了，還根據第一胎的經驗，重新調整狀態，連自己可能是偏早產的體質都列入了計畫中，提早做好萬全的準備，感覺輕鬆了許多。

值得一提的是，在為水晶晶做產檢時，我才赫然發現，孩子真的是早生早好！因為才隔了一年左右，好多檢查費用竟然又漲價了。這樣來看的話，是不是應該趁年輕早點生孩子，還能省點錢呢？

對我而言，如果經濟能力許可、體力ＯＫ、身體狀況良好的話，生四、五個孩子，我也不排斥！因為我的父母跟胖子的爸媽都有很多兄弟姐妹，我自己本身也有弟弟跟妹妹，所以我非常能夠了解兄弟姐妹之間的手足感情。小時候，我們雖然會吵架、打架，但長大之後就是除了爸爸、媽媽之外在人世間的依靠了，這一點在我

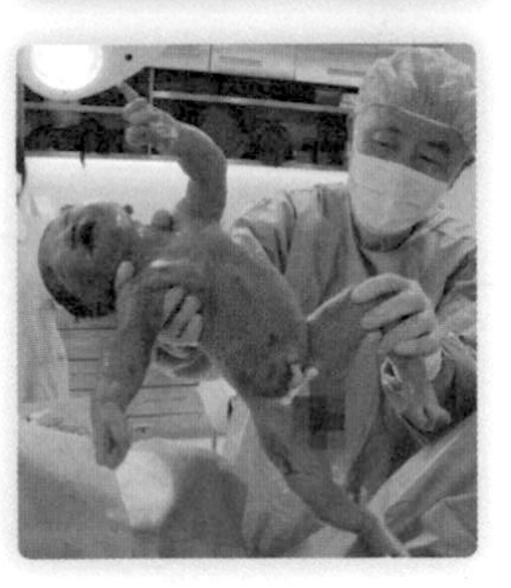

外婆生病的那段期間，讓我的感觸非常深，因為有六個兄弟姐妹，大家可以輪流照顧外婆，有事情也可以一起討論，不用自己一個人承擔一切壓力！

比照自己的情形，我在一位客戶身上就看到很強烈的對比。她是獨生女，她媽媽生病的時候我去醫院看她，想幫忙她些什麼，卻看到她獨自處理所有的事情，那種感覺真的很孤單！我忍不住抱抱她，想給她力量，但我知道這只是一時的，因為等我離開之後，她還是要一個人去面對！

這是我覺得一定要有手足的主要原因，兄弟姐妹們是父母給我們在這個世界上最好的禮物！但是如果要生第三胎的話，其實就開始有點困擾了……是要繼續接著生，卯起來拚了！還是要隔一陣子，先把胖nana和水晶晶養大一點再說？真是苦惱啊……

媽媽們又愛又怕的產檢醫院選擇

回想當初要生胖nana時，初次產檢回來後，我就開始認真思考，究竟要在哪家婦產科醫院固定做產檢？而且經歷了上回在診間的挫敗經驗之後，我就一直不斷地對胖子嚷著：「我需要一個有幽默感的醫生啦！」畢竟，我得和醫生相處一段很久的時間，醫生若是沒有幽默感，那怎麼行呢？

所以，我又開始上網找尋適合的婦產科，這次就以其他媽媽的親身經驗，以及離我家很近這兩項重點條件去搜尋，最後找到了一間離家近、口碑還不錯的李木生婦產科。如果去離家太遠的醫院做產檢，我想自己應該會很懶得去，這家距離我家只要十分鐘路程的婦產科，再適合我這個懶鬼也不過了。

記得第一回去李木生婦產科，走進去後發現那裡並不像婦產科，整個診所裝潢得很溫馨，護士小姐也和網路上傳說的一樣和藹可親，沒有任何不耐煩的晚娘面孔出現。

至於初期產檢大多是確認一些細節，像是：排除子宮外孕的機率、baby週數大小、該補充什麼營養品、注意腹痛和出血……等等，再來就是算出最重要的預產期啦！同時間，醫生還遞給我一張名片，並說：「如果有緊急狀況的話，二十四小時都可以打電話到醫院來。」然後又默默地補了一句：「當然我是希望妳不要打來。」

這句話頓時打中了我的點！看來我們應該可以長期相處，好好「約會」一陣子了。就這樣，我決定在這家診所展開不算短的產檢生涯。

不過，挑選產檢醫院的標準因人而異，我是根據個人的評估和需求去選擇，不一定適用在每個孕婦身上喔！每個媽媽在懷孕過程中的狀況都不太一樣，而且生產都是有風險的，尤其急救處理是和時間賽跑的大事，只要差個三、五分鐘可能就會是完全不同的結果，可是一點都不能隨便亂來的！還是要自己評估過後再做決定。

大醫院的醫療系統完整，建議身體本來就毛病比較多，或是很容易緊張擔心的孕婦選擇；婦產科的氣氛則比較溫暖，去熟了會和醫生和護士有成為朋友的感覺！但小孩生出來之後，如果有緊急狀況，通常都是要轉送大醫院的，所以身體壯如牛的產婦或許比較適合！

懷孕到大概七個月之前都可以轉換產檢的地方，所以不是一挑定就不能更改，還是有機會找到適合自己跟自己相信的診所或醫師生產的！但有一點很重要的是，最好找離家近一點的，這樣若有突發狀況，就不怕路程太遠耽誤到時間！

準媽咪的惱人懷孕症候群

從知道自己懷孕開始，雖然不至於像一些準媽咪那樣有著超級不舒服的症狀，但不管是身體或是心理上，多多少少還是有些改變的，尤其越到懷孕後期，就有越多症狀出現，根本就像在「過五關斬六將」一樣啊！

懷孕期間，除了生理上的不適應，像是孕吐害喜、便祕、脹氣……這些症狀外，還面臨了身體上的變化、身材走樣的問題，心情也大受影響。

雖然前輩們會說：「大家都是這樣過來的。」可是，等真的發生在自己身上時，還是需要一些時間調適，才有辦法接受這種不爽快的感受啊！

懷孕前期困擾

1. 害喜

雖然從懷孕一開始，我的肚子就露出小腹來，但以我身高一七〇公分、體重五十六公斤，看起來還算瘦的身材來說，只要穿得有技巧些，根本無法察覺我是個孕婦。不過，靠外在服裝的遮掩，就算可以暫時讓自

己有沒懷孕的錯覺，可是孕吐這件事，可就打破了我自以為是的遐想啦！

當我懷孕滿四週時，正慶幸自己胃口很好，都沒有孕吐的情況發生。結果，才過沒幾天就開始了！從剛起床沒多久就開始乾嘔，初期是乾嘔個幾聲，有點像脹氣一樣，情況時好時壞，尤其一大早會特別覺得噁心。

其實孕吐不是只有在聞到油膩的味道時才想吐，而是不按牌理出牌地吐，例如：肚子餓想吐、吃太飽想吐、冷氣太冷時想吐、吃到太油的東西當然也想吐，就連吃個豆花、布丁也照吐不誤……有時候剛吃完飯，我以為只是打個嗝，結果又開始大吐特吐，把陪我一起上街的胖子給嚇到整個人都呆掉了！

如果說只是一些輕微的嘔吐感，我或許還可以忍一忍，但有次因為天氣實在太熱，我想買杯布丁奶茶消消暑氣，下場就是喝得很爽，卻換來吐得很慘！記得當時我立刻火速地從公司回家，衝去廁所狂吐，並且斷斷續續地吐了五個小時，連和客戶約好的時間也得改期，行程頓時大亂！

通常懷孕前三、四個月是害喜孕吐症狀最嚴重、最痛苦的時候，這種噁心想吐的感覺非常痛苦！尤其我懷第二胎時，孕吐更為嚴重，吃了就吐，吐完又很餓，吐到後來都覺得自己好慘！抱著馬桶邊吐邊哭。不過，接下來就會漸入佳境了！既然這是很多孕婦的必經之路，那就表示我一定可以熬過去，所以最後我還是慢慢地擺脫它的折磨和糾纏了，哈哈！

為了改善「孕吐不是病，吐起來要人命！」的問題，我參考網友的意見，試著吃蘇打餅乾來抑制孕吐，發現效果還不賴！可能是蘇打餅乾的味道不會太重，能抑制味道濃郁所引起的嘔吐感，而且平常隨身攜帶幾片蘇打餅乾，也挺方便的。

萬一還是吐到不行的話，找醫生開立止吐劑也是好方法，只不過我不太建議常常吃止吐劑，因為對我而言，止吐劑根本就是安眠藥，吃一顆可以連續睡上十八個小時，對於要上班或是不想昏睡度日的孕婦來說，並不是那麼適合。

2.便祕、脹氣

我的身材算是屬於瘦而且沒小腹的身型，但是懷孕到了第四週，肚子就硬生生地跑出來了，真的令人傻眼！當時我一直思考著「肚子為什麼會這麼快就變大？」的問題，因為大家不是都說，懷孕至少要三個月後才會有一點肚子現形，甚至有人到五個月都看不太出來？那我是怎麼了？到底是怎麼一回事呢？

某天，我真的沮喪到覺得自己的肚子

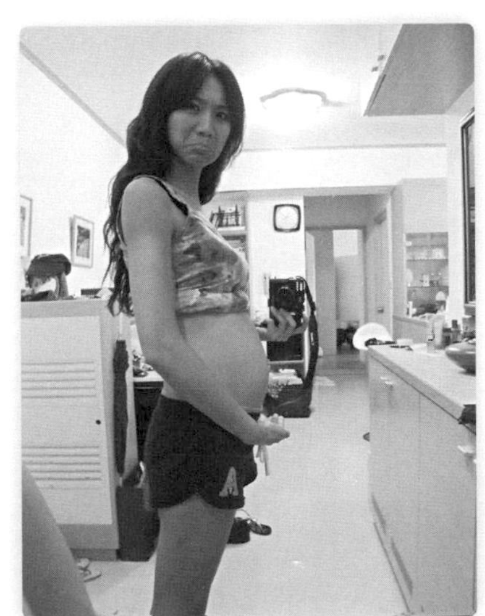

像裝滿了「嗯嗯」一樣時，才聯想到「便祕」以及「脹氣」這兩個問題……瞬間，我回想自己懷孕以前只要吃得很飽的話，很快就會去廁所「嗯嗯」，但懷孕了之後，每天照吃照喝卻常常沒有東西排泄出來。說到這個，我首先要和那些排便不順的女性朋友，很誠懇地說聲：「對不起！」因為以前我常常覺得，怎麼可能有人好幾天不上大號？沒想到懷孕後的我竟然立刻就遭遇到「現世報」了！

為了解決便祕問題，我在第二次產檢時，就詢問醫生該如何解決？醫生的回答是：「這是正常的現象。」因為懷孕後卵巢會大量分泌黃體素，而黃體素具有滯留水分的效果，能讓水分留在細胞中，目的是安胎，因此就會影響腸胃道的代謝；一般女生「大姨媽」來時都會拉肚子，就是因為子宮收縮的關係。可是，如果在懷孕時子宮收縮容易造成胎兒情況不穩定，所以懷孕時便祕是正常的現象，拉肚子的話才要擔心。

醫生的回答真的讓我安心很多。我心想，便祕和脹氣的問題，應該不只是我才有，而是很多孕婦從懷孕到生產都會遇到的困擾，只是我比較敢開口請教醫生這個問題罷了。想到這裡，心情瞬間變好一點，哈哈！

◇◇◇◇◇◇◇◇◇◇◇◇◇◇◇◇◇◇◇◇◇◇◇◇◇◇

請教醫生過後，醫生開了軟便劑給我，但其實醫生開的軟便劑對我來說真的沒什麼用，我只好自己另外想辦法解決這個惱人的問題。首先，我去買了富含豐富纖維質的香蕉和蘋果回家。原本沒有特別愛吃水果的我，決定開始認真吃水果；除此之外，我還會買路邊現榨的大瓶柳丁汁回家喝。就這樣連續吃了幾天，我發現還真的滿有效果的！

◇◇◇◇◇◇◇◇◇◇◇◇◇◇◇◇◇◇◇◇◇◇◇◇◇◇

不過當「嗯嗯」開始順暢後，我的肚子卻沒有完全變小，因為還有「脹氣」這個麻煩要搞定。我試著上網查詢可以舒緩脹氣的方法，查到「喝有氣泡的飲料或水解脹氣」這個方法，我想這應該是藉由喝氣泡水，把氣用打嗝方式排出的原理來消除脹氣。反正我本來就喜歡喝氣泡水，索性就跑去買了一箱氣泡水回家慢慢喝，而這個方法也真的對我煩惱的脹氣發揮了功效。

另外還有個方法就是，將手掌放在肚皮上，以順時針繞圈圈的方式輕輕按摩，促進腸胃蠕動，但切記一定要輕輕的喔！畢竟肚子裡還有個 baby，得控制一下力道。把按摩這招學起來，等到生產完，遇到 baby 脹氣時還能再次派上用場，真的不錯！

3. 嗜睡

懷孕後，一開始最先出現的變化就是嗜睡。我以前超不愛睡覺的，每天到了半夜兩、三點才上床睡覺是家常便飯，可是自從肚子裡有了「小白點」進駐以後，我幾乎把過去睡眠不足的時間全都給一次補齊了！

我嗜睡到什麼程度呢？一般人如果累了想睡覺還可以靠意志力控制，但懷孕的嗜睡，就好像腦海裡被下了什麼程式指令一樣，明明前一刻還很清醒，下一刻卻已經閉上眼睛呼呼大睡了……有時候我打開電視正準備要收看八點檔連續劇，但等我再次睜開眼睛

時，居然已經半夜三、四點了！

因此，我只能安慰自己，如果能多睡的話，就讓自己盡量多睡點，不是聽過很多媽媽都說，等到小孩生出來以後，可就沒得睡了！

大家或許很好奇，孕期嗜睡有沒有什麼轉移注意力的方法？太過嗜睡又會不會對孕婦不好？比如太長臥床睡覺反而缺乏運動之類的？其實對於嗜睡的問題，醫生的解答是：想睡就睡！因為是懷孕的關係，所以沒有什麼不好的地方，而且孕婦懷孕本來就是能多休息就多休息，尤其是懷孕初期有些人的身體狀態會比較不穩定，睡覺反而對安胎有比較好的效果！但是記得開車或是操作一些危險的器具時，就要注意安全了。

4.心悸、喘

不知道是不是身體裡多了一個baby的心跳的關係，懷孕之後我偶爾會出現心臟突然跳得很快的症狀，有時是剛睡醒、有時是在走路時，只要停下手邊的動作，就能聽見心臟跳動的聲音，甚至還大聲到不用把手貼在胸前，就能感受到心跳聲的情況出現。記得某天我在工作場合演講的時候，發現到自己以前就算速度偏快地講上一個半小時都不會喘，但那時卻上氣不接下氣，台下的人還以為我是因為緊張，才會喘不過氣來；還有一次是我連續兩個小時與客戶面談，當時

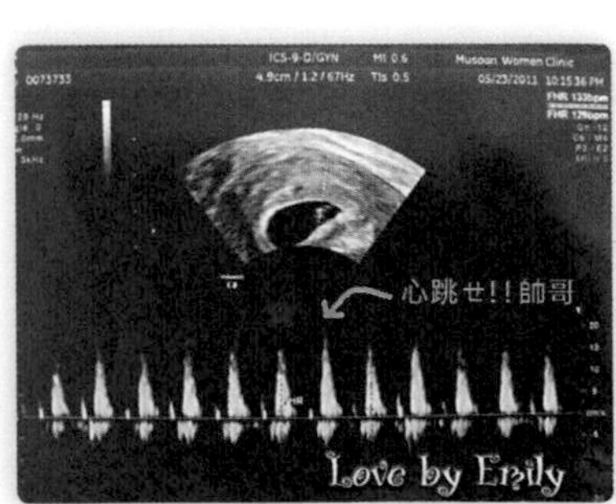

就必須要一直大口吸氣才有辦法繼續講話。其實那種覺得自己一度吸不到空氣的感覺，真的超恐怖的！

心悸或喘對孕婦有沒有什麼害處？在問過醫生後，醫生說這其實是正常的，對身體沒有害處，只是就是會覺得有點不舒服。我試著自我調節，方式就是說話放慢速度、走路走慢一點，或是每走一段路就停下來休息一下。

5.脹奶

脹奶這件事，其實是從還沒發現懷孕時就開始了，感覺跟「大姨媽」要來之前的脹奶感覺差不多，只是是一直持續著，尤其在穿內衣的時候超級不舒服，會有種胃被勒住一整天的不爽快感，整個人覺得悶悶的，而且很想吐！幸好這是懷孕初期才會有的感覺。

有前輩好心地提供我一個法寶：「背扣」，讓我的束縛感減少不少，我也才能夠一直撐到懷孕中期才換上孕婦專用的內衣。

我建議準媽咪們可以多多考慮「背扣」這個好東西，它很適合懷孕初期不想馬上就去買孕婦內衣的人使用。使用背扣不能解除脹奶，但可以把內衣加寬，使得因為脹奶而讓原本內衣變得很緊的束縛感減輕，讓孕婦不會有被勒住的感覺。各大內衣門市都有賣「背扣」喔！一個大約五十元左右，便宜又好用！

6. 韌帶拉扯

大概在懷孕十三週的時候，每天早上起床時我都會覺得肚子痛痛的，搞不清楚到底是因為昨天晚上憋尿導致膀胱痛，還是哪裡出了毛病？那種輕微抽痛，有點像是剛跑完步運動之後肌肉痠痛的感覺，讓我每天起床時都得要多躺一下，才能慢慢紓解這種肚子被拉扯的感覺。認真說起來，也不是會痛到不能做事，但就是一種會讓人持續感到不舒服的感覺。後來問過醫生才知道，那是韌帶被拉扯所導致的痛感。關於什麼是韌帶拉扯，醫生的說法是，因為肚子被寶寶撐大，而身體皮膚組織撐開後的韌帶會拉扯，造成痛感。這個問題沒有解決的辦法，因此我也只能試著讓自己習慣它的存在，慢慢的才覺得比較好過一些。

7. 頻尿

懷孕之後，因為肚子越大，越會壓迫到膀胱，造成孕婦很容易一直頻尿跑廁所。這種狀況我當然也遇到了，加上我懷孕時是大熱天，每天都喝一堆飲料，因此頻尿的狀況也就更加嚴重，三不五時就會想上廁所，膀胱的「蓄水量」變得超低的！尤其睡到大半夜時就會感覺膀胱脹到不行，從床上爬起來又很辛苦，雖然上完廁所後就可以暫時解脫，可是無法一覺睡到天亮的那種感覺……真的好痛苦喔！但其實這個狀況也是無解的，是懷孕期間一定會發生的事，因為身體就這麼大，baby擠壓到膀胱真的是無可避免的事。

8. 呼吸不順暢

和喘及心悸不一樣，呼吸不順暢是不管坐著或站著，常常需要大大用力地吸一口氣，才覺得能呼吸到空氣，因而感覺舒服點。

很多前輩都跟我說過，這是懷孕後期才會有的狀況，但我卻很早就出現這樣的症狀，所以向醫生詢問了一下，幸好沒什麼大問題，醫生說這只是每個人的體質不同而已，所以我想，就當作是多做深呼吸運動來加強心肺功能也不賴囉！

懷孕中、後期困擾

1. 口渴

到了懷孕七個月的時候，我經常會覺得口渴，一直想要喝水補充水分，就連晚上睡覺都會被渴醒！也因為嚴重地缺水，我的嘴唇一直乾燥脫皮，甚至嚴重到嘴角裂開、流血、腫起來的程度，所以除了狂喝水之外，原本不愛塗抹護唇膏的我，也開始狂擦護唇膏救急，至少能讓嘴唇比較舒服。

我要大推的護唇膏產品是莎薇護唇膏，它很適合白天不想讓嘴唇太油膩時使用；晚上的話，則推薦Kiehl's護唇膏，這款護唇膏超滋潤，擦完隔天起床後都還有油油嫩嫩的效果，如果和我有同樣困擾的孕婦也可以試試看。

另外，有了第二胎的經驗後，再推薦大家一個很好用的東西是「美樂羊脂膏」！上網查詢後會發現它是在生完小孩後餵

奶，乳頭被小孩吸破受傷時用的！因為它很油又很滋潤，所以有天我突發奇想，拿它來擦嘴唇，結果效果意外地好！可以擦乳頭、又可以當護唇膏，很值得入手。

2. 胃食道逆流

在懷孕後期肚子越來越大的時候，我總覺得食物消化得特別慢，彷彿整個腸胃都沒在蠕動一樣！最煩惱的是，我會一直有種喉嚨卡卡的感覺，好像有股酸酸的東西要跑出來，特別是在打嗝的時候更嚴重，這還滿讓人害怕的，不知道自己是不是得了胃食道逆流？這種感覺一直持續到生產前都沒結束……我只能說，習慣成自然，就努力學著和這些不舒服的感覺和平共處囉！

關於胃食道逆流，醫生建議吃完東西後不要坐著或是躺著，盡量不要讓肚子壓迫到胃，也就是說可以走一走、散散步，感覺會比較舒服一點。

3. 黑黑斑點

懷孕到中後期的時候，我發現身上突然開始浮現出一些咖啡色的斑點，而且出現的地方還滿古怪的，都是在腋下、胸部、脖子、肚臍周圍，尤其是脖子和腋下的紋路變得好黯沉，看起來黑黑髒髒的，真的很醜。如果是冬天還可以用衣服遮掩，遇到炎熱的夏天無法穿無袖背心，就怕腋下的黑色斑點會跑出來見人……很多人都安慰我，這些斑點生產完就會慢慢消退，但孕婦的情緒是善感的，看到皮膚的狀態變糟，心情可說是雪上加霜！不過這些超莫名其妙的症狀，也只能靠時間解決了……

面對身體長出黑黑的斑點，其實不用特別抹東西，正常情況下生產完這些斑點就會自動消失。尤其是美白類產品，有的成分會比較刺激，如果搞不清楚那些產品的成分是什麼的話，就最好不要擦比較安全。

4. 抽筋

大約從懷孕五個月開始，當我愛睏伸懶腰的時候，就隱隱約約有一種抽筋要發作起來的感覺！相信大家應該都知道我所說的「抽筋要發作起來的感覺」是什麼吧？就是一種你到了那個臨界點，只差零點一秒就要抽筋的感覺，因為你必須馬上改變姿勢才能及時阻止抽筋的情形發生。但是到了後來，因為肚子變大導致行動不方便，我根本就追不到那零點一秒！所以經常被抽筋搞瘋，就像烏龜被雷打到一樣，只能倒在床上哀嚎！

針對抽筋問題，我都是吃珍珠粉來解決。我懷第二胎時很乖，有固定吃珍珠粉，還真的幾乎都沒抽筋呢！

5. 恥骨痛

肚子開始變大、變重以後，我常常會覺得恥骨隱隱作痛，雖然不至於會痛到不舒服，但走路會逐漸變得很慢、很卡，不管是抬腳、上下樓梯、起立坐下時都會痛，走路也會變得怪怪的。

一些媽媽前輩的說法是：「小孩太重，會壓迫到恥骨或周邊神經，導致痠痛，有時候還會造成恥骨裂。」

針對這一點，我在產檢時特別請教了醫生，原來是懷孕到了後期，母體會分泌出一種荷爾蒙讓骨頭鬆弛，方便順產，才會有痠痛的感覺。還好我有問醫生，知道不會有恥骨裂開的可能性，否則真的會驚嚇過度！

6. 體溫太高

幾乎每個懷孕過的前輩都跟我說，孕婦的體溫會變高。等輪到我自己的時候，加上我懷孕的中後期遇到夏天，真的不誇張，我每天都覺得超熱的！從早上起床後就一直嚷嚷著：「好熱！」一直在家裡走來走去。即使天氣不熱，我也都得開著冷氣睡覺，要不然整個人就會變得很煩躁；更不用說，如果是在室外走動，簡直是汗如雨下，整個人超不舒服的。幸好孕婦不像坐月子一樣不能直接吹風，只要感覺舒服，孕婦不管吹冷氣、電風扇都是很ＯＫ的！

7. 水腫粗腿

懷孕前從來不知道什麼是水腫滋味的我，在懷孕後期，終於也碰到傳說中的「象腿」了。以前我穿襪子時不會有勒痕，懷孕時不僅出現勒痕，痕跡也久久都不消失！

雖然我心中一直疑惑著，到底是自己的體重變重，導致腳變

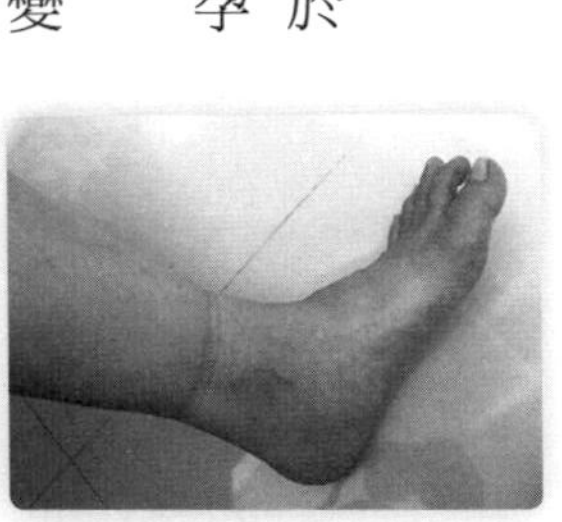

粗？還是水腫的緣故，讓腳變粗？但當下我已經盤算好了，如果生完之後發現不是水腫，而是腳真的變粗的話，那我一定要去打肉毒桿菌！因為我的水腫情況沒有嚴重到覺得需要請醫生幫忙，只會泡泡腳舒緩一下，因此如果水腫情況真的很猛的人，還是建議可以主動詢問一下醫生有沒有緩解的辦法喔！

8. 輕微靜脈曲張

在懷孕接近三十五週時，因為腳水腫實在太不舒服，所以我決定去按摩。按摩師發現我的大腿後側有類似孕斑、胎記出現，以為是因為久坐產生的印痕，但我本來是想觀察可能是黑色素沉澱的斑點，卻不小心瞧見膝蓋彎曲處有靜脈曲張的現象，於是馬上開始穿起美腿襪，並勤做抬腳動作，讓它沒有再嚴重下去。所以我建議懷孕的準媽媽們可以準備美腿襪，以防萬一！

由於腳部出現靜脈曲張現象以及水腫，我有持續去做孕婦按摩，但建議要找專門做孕婦按摩的人，按完之後腳真的會比較舒服。

9. 無法正躺睡覺

肚子越大，睡眠品質就越來越差，睡覺時彷彿有個東西重重壓在身上一樣，很不舒服。由於脊椎和腰間的骨頭也會變瘦，只好選擇側睡，但是都側同一邊睡，一覺到天亮也不可能！想翻身換姿勢時，還得先將一邊肚子給扶好再翻身，這麼「搞剛」的步驟，當然不可能睡得好。

像這種時候，我很推薦使用大抱枕！那時有位朋友送了我一個大抱枕，每天睡覺時我都會把腳跨在上面，順便把肚子擱上去放著，這樣的姿勢就舒服了很多！而且大抱枕的價格很便宜，如果和孕婦專用的U型枕相比，CP值超高！

舒壓抱枕購買處： http://hugsie.com.tw/

第二胎時，朋友自己做了一個生日禮物送我，那是個超厲害的孕婦睡眠枕！我建議如果大家要買的話，可以買上面小、下面大的抱枕，不但很符合人體工學，比我之前用的那種普通大抱枕好用更多！

總結懷孕過程中的種種不適，加上前輩們的經驗談，我發現孕婦真的很難擺脫不舒服的症狀。好命一點的，或許不會害喜、孕吐，但能維持身材不走樣或是不會水腫的，我想簡直比中樂透還難！

所以，各位準媽咪們，既然絕大多數孕婦都會遇到這些症狀，不妨換個角度想：反正只是一時的，寶寶健康最重要！何必讓那些躲也躲不過的症狀來影響自己？不如抱持「兵來將擋、水來土掩」的心態，隨遇而安吧！擁有好心情才是最重要的！

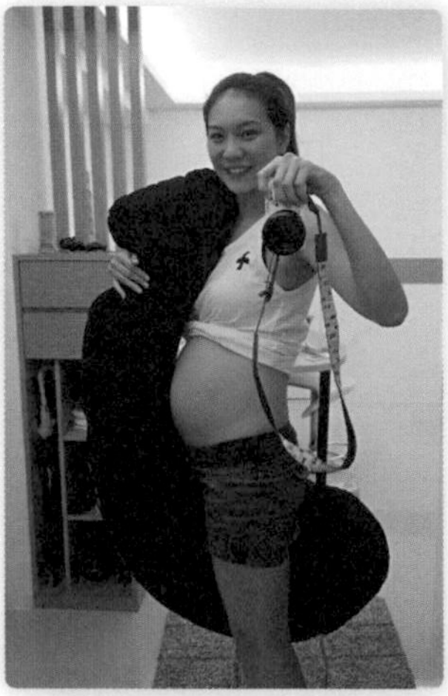

懷孕

不能沒有你之～爸爸你要去哪裡？

懷孕之後，我有種無法徹底發洩心情的感覺，就好像得到憂鬱症一樣！即使胖子已經算是很體貼和關心我了，但還是不時得面對我的各種情緒變化，有時連他也招架不住。生第一胎的時候，他會覺得我是神經病，覺得我瘋了！不過到了第二胎，他已經可以完全無視於我的情緒！哈！

依照經驗，我覺得懷男生跟懷女生時的心情會差很多！不知道是不是荷爾蒙影響的關係，懷男生的時候憂鬱指數大爆炸，但懷女生就還好，本來我以為是因為第二胎有經驗的關係，結果我朋友第一胎生女兒時像在天堂，第二胎懷男生，每天都烏雲罩頂！所以感覺上，荷爾蒙的影響好像真的滿威猛的！

由於我跟胖子都愛玩，本來飯局就很多，所以懷孕前能隨心所欲地和朋友聚會，可是懷孕後，因為顧慮到某些場合可能有人會抽菸，所以不能經常參加；況且，

我也不喜歡別人因為擔心孕婦會聞到菸味而刻意避開抽菸的舉動，這樣反而會讓我覺得很不好意思。因此，在不想造成別人困擾的龐大心理壓力之下，結果就是——不要出門最好！

為此，本來活潑好動又喜歡到處跑的我，突然有種自己是「累贅的孕婦」的感覺，這個打擊對我來說真的不小，心情自然也變得不太好。偏偏心情不好的時候，我有只想找胖子聊天的糾結，但我懷孕時，胖子正在積極籌備開公司，常常都忙到三更半夜才回家，有時他甚至會因為太累，就直接倒在客廳睡著了！

直到我聽到他在客廳打呼的聲音，才忍不住哭了起來：「你居然睡沙發？我們現在是分居狀態嗎？」要不然就是他只顧著看漫畫，而忽略我的存在，沒有在睡前和我聊天、講心事就直接睡覺……這些舉動，也會讓我突然情緒潰堤，嚎啕大哭！記得當我們在溝通這些問題的時候，我甚至還大哭地捶牆壁說：「我討厭這個爛身體！哪裡都不能去！什麼都不能做！」

其實，我不是擔心老公晚回家是會在外面亂來，只是很需要他的陪伴，而這種依賴的感覺連我自己都開始討厭起自己了，卻又無法控制……還好，胖子這個人雖然不擅長說好聽的話，當我心情不好時也不會輕聲細語地安慰我，但他是個行動派，就算覺得我有時候無理取鬧、做出很「靠夭」的事，他還是會用行動來安撫我因為懷孕導致荷爾蒙失調的壞情緒。他會盡量提早回家抱著我、摸我的肚子、和我講話，這種小動作有種讓我很安心、情緒很穩定的魔力。

準爸爸對懷孕的親身感受體驗，一定沒有準媽咪深刻，當然也就更無法感同身受孕婦身體上的種種不舒服，所以在體貼和關心太太這件事情上就要更加留意，就算不能體會也請體諒！

我覺得懷孕對於夫妻兩個人的生活都會產生很大的變化，有時候會有種「卡關」的狀況出現，尤其是比較敏感的孕婦，常常會出現旁人不能理解的哭點、怒點和不安全感，這時候真的需要最親密的伴侶在旁邊給予最大的安慰和支持的力量！當然，孕婦自己本身也要坦率地說出自己的不舒服和難過之處，如果只是放在心裡上演內心小劇場，不但苦了自己，也苦了別人。

還好，我是個很勇於表達意見的人，所以不管是好好說或是用鬧的，我都會跟胖子溝通自己遇到的問題。

姐妹們，懷孕已經超辛苦了！千萬不要悶著壞情緒，在那裡撐著、ㄍㄧㄥ著，這樣真的太累了啦！

新手媽咪看過來！不可遺漏的重點產檢

從懷孕到生產的產檢過程，每個時期會有不同的檢查重點，這都是為了保護媽媽和肚子裡小孩的安全，而我自己印象最深的，就是羊膜穿刺和高層次超音波這兩項檢查了！

羊膜穿刺

一般高齡產婦都得做羊膜穿刺檢查，但像我這樣年齡不到三十歲的媽媽，大部分都是做「頸部透明帶＋母血唐氏症」的檢查。不過因為我的報告風險值卡在安全與危險的中間值，醫生說屬於低風險族群，所以建議我先安排進行第二孕期的母血唐氏兒篩檢，之後再決定是否做羊膜穿刺。

不過，很多人給我的建議是：直接做羊膜穿刺！因為不管是第一孕期或第二孕期的篩檢，測出來的報告都是建立在「機率」的基礎上，而我自己也有「機率對一個人來說是沒有意義的」這種認知，不管百分之五十、百分之八十的機率，對我來說，都只有正常和不正常兩種結果！

雖然大家都說年紀輕，生出有缺陷小孩的風險值較小，但年輕孕婦生出有罕見疾病小朋友的案例卻時有所聞，即便羊膜穿刺是侵入性的檢查，有千分之二可能導

致流產的機會，卻是最精準的檢查，如果測出來的結果是正常的，那我就可以沒有後顧之憂地去生產啦！

我始終認為，不管是被扎一針還是流產，都遠不及生出一個有缺陷的孩子來得痛苦、可怕，畢竟那會是一個很大的遺憾與負擔；再加上羊膜穿刺不是只有檢查唐氏症缺陷的染色體問題，它還可以精準地判讀二十三對染色體和性別，既然有不確定的擔心，那麼乾脆去做一做比較安心。

於是，和胖子嚴肅地做了討論之後，我決定直接去做羊膜穿刺！

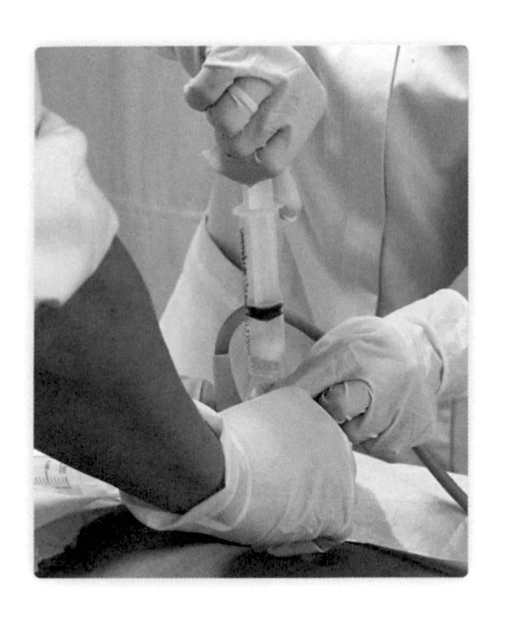

在做羊膜穿刺的過程中，其實沒有很大的疼痛感，有的護士會請孕婦檢查完後休息約三十分鐘，如果身體沒有什麼異狀再離開；有的護士會說這是正常檢查，不用特別休息。但我還是建議大家檢查之後不要到處跑，回家休息躺一下比較保險。另外，還要提醒的是，做羊膜穿刺檢查時，最好穿著黑衣、黑褲或深色的衣服，不然在扎針之前，滿肚子都會被醫生塗滿咖啡色的碘酒消毒，除了很容易把衣服弄髒之外，碘酒乾掉後肚皮會超緊繃的，還會沾黏到衣服，那種感覺真的很不舒服呢！

高層次超音波

高層次超音波是一項需要自費，但我覺得卻非做不可的檢查。它可以詳細地檢查寶寶的身體構造，看看是否有重大缺陷或畸形狀況，包括脊椎、頭顱、顏面結構、胸腔組織、腸胃、膀胱、腎的大小結構及四肢……等器官檢查，簡單來講，就是整個身體全部都要照！

高層次超音波最好的檢查時間是懷孕二十週至二十四週之間，因為這時候的寶寶體型大小適中。如果週數太久，會因為寶寶體型變大，身體在子宮裡被擠壓住，導致看得不夠清楚，而影響判讀結果！

如果時間、經濟上允許，這項檢查還是不要少做比較好！畢竟，如果寶寶身體狀況有問題，還可以提早在生產前做規畫，例如：如果檢查發現寶寶的心臟有破洞，那麼原來準備在一般婦產科生產的孕婦，就可以趕快到有新生兒科加護病房的大醫院，討論後續的醫療措施。

高層次超音波的檢查時間還滿久的，有時候寶寶睡著不動，還要想辦法搖醒他，免得有些部位擋住看不清楚，而醫生也會邊檢查邊說明現在看的是哪個部位，老實說如果沒有醫生的解說，一般人也真的很難看得懂。

這項產檢我兩胎都有做，說實在的，檢查後真的讓人放心不少。

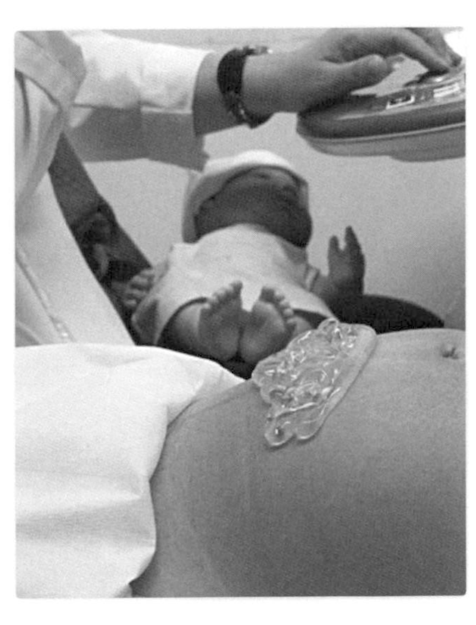

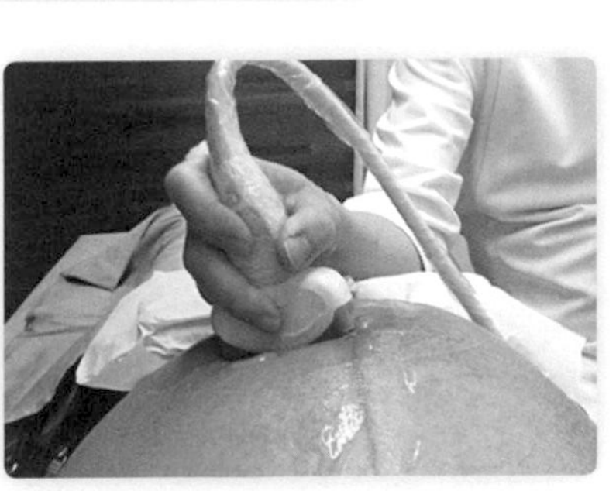

孕婦內在美

孕婦內衣

懷孕後的準媽咪都會有脹奶的問題，胸部會隨著孕期增加慢慢變大，緊接著就得大撒銀子買孕婦裝了！

有趣的是，懷孕的胸部不是一直往前膨脹變大，而是乳房下半部會朝腋下方向擴大，如果沒有好好控制，就會引起乳房下垂和妊娠紋的產生。

我自己的經驗是，從知道懷孕到二十週的這段時間，胸部就開始「二度發育」，但所有不舒服、卡卡的感覺都是以胸罩鋼圈卡住胸下圍的束縛感為主。當時有個前輩給了我一個內衣背扣，它可以加寬胸罩內衣的胸圍，減輕胸下圍被勒住的不適感，結果還滿好用的，我一直撐到懷孕五個月時才開始購買孕婦專用的內衣，多少節省了一些花費。

然而到了懷孕五個月之後，胸罩背扣再也撐不住，得換孕婦專用內衣時，我才發現原來光孕婦專用的胸罩也有這麼多種選擇，如鋼圈、無鋼圈、運動型、產前產後、哺乳型……等等。

在試穿了許多款孕婦胸罩後，我還滿推薦華歌爾寶貝媽咪的，它的基本款孕婦胸罩好看又可愛，而且罩杯彈性很大，即使再增加兩個cup都沒問題！它的下圍比較寬大，肋骨處可以很安心地被包覆住，還有專利哺乳設計，餵奶時超級方便，加上有鋼圈設計卻一點都不卡……這種內衣穿上去就像是沒穿胸罩般舒適，不過最大的缺點就是……超貴的啦！光一件內衣就要快四千塊！雖然好穿，但入手的時候心好痛喔！

我在懷水晶晶的時候，發現了另外一款物超所值的孕哺內衣「Bravado」，很值得介紹給孕婦媽咪。「Bodysilk絲雅系列」、「Originals原創系列」，是我認為CP值破表的推薦款——「Bodysilk絲雅系列」可以在懷孕中後期和產後身材恢復的哺乳期穿著；「Originals原創系列」則是可以在產後哺乳脹奶期穿著。無論在包

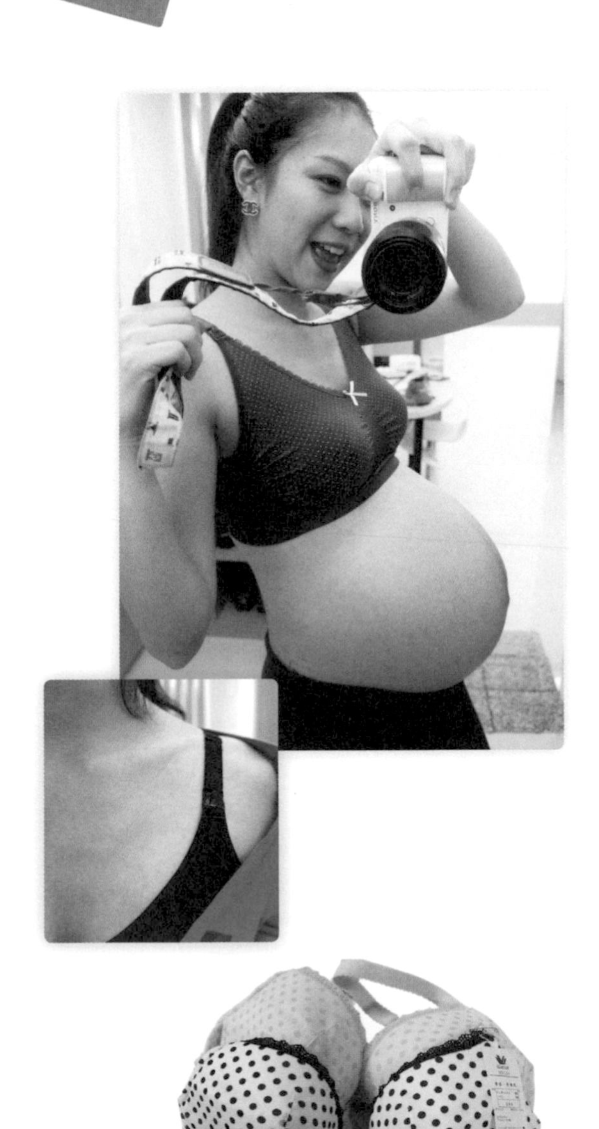

覆性、胸型支撐度、舒適度、哺乳方便性……等等需求上來說，都很適合孕婦和產婦穿著，價格也非常實惠，早知道第一胎就應該開始穿它了！

Bravado孕哺兩用內衣購買處：http://www.ibq.com.tw/index.php?type=top&arem=67

當然，除了百貨公司專櫃，網路上也有很多物美價廉的孕婦胸罩，但是我覺得內衣這類貼身物品，最重要的是試穿，舒服合身與否不是用看的就能知道，選購時主要是看個人需求與喜好。我是上班族，常需要在外面奔波，沒辦法穿撐不起衣服的運動型胸罩，所以有鋼圈的設計，就是我購買時很重要的一項重點，也建議大家要針對自己的需求，先試穿後再購買。

孕婦內衣購買心得：根據小蜜的經驗，購買孕哺內衣可以分為三個階段：

第一階段→懷孕中後期

身材開始改變（不管是變胖還是脹奶），未懷孕以前的內衣加背扣也不夠用。

第二階段→產後開始餵奶、脹奶

因為產後的胸部會脹到令自己都感到不可思議地大，需要再更新一次。

第三階段→產後三、四個月，身材恢復卻持續餵奶

因為產後減肥會整體瘦下來，加上之後胸部不會那麼脹，又需要再重新購買一次。

結論→大家在第一個階段不需要一次買足

前面兩個階段有三、四件左右換穿即可。直到最後一個階段，體型差不多定位了，且持續餵奶，那就可以多買幾件來穿囉！

孕婦內褲

懷孕初期，我的肚子因為脹氣的關係變得比較大，但還沒有到需要買孕婦內褲的程度，所以我先買了很多人推薦的 UNIQLO 棉質內褲，穿上後果然超舒服，肚子完全不會有勒痕，我到了懷孕五個月之前都還能穿它的 L 號。

懷孕五個月之後，我開始採買孕婦內褲。有些孕婦內褲穿起來很容易在肚子上或是大腿上有勒緊的感覺，很不舒服。經過一番比較之後，我找到可以提供試穿的媽媽餵（MAMAWAY），它的內褲車邊處理讓人完全沒有被勒住的舒適感，設計也很多樣化，甚至還有性感透氣的蕾絲元素，選擇性相當多。

懷第二胎時，我發現還可以購買一些孕婦專用無痕褲，因為彈性較大，又不會有勒痕，穿起來也挺舒服的！

媽媽餵內褲購買處：http://www.mamaway.com.tw/

托腹帶

大概在我懷孕二十四週左右時，我才開始天天使用托腹帶。當時，嫂嫂知道我要去英國遊玩，貼心地叫我帶著托腹帶，以備不時之需。

在英國期間，我每天都要走很多路，使用托腹帶後，走起路來果然舒服很多。有時候孕婦走動太久會有宮縮現象產生，那種整個子宮下墜緊繃的感覺挺不舒服的，因此如果準媽咪們發現走動時肚子的收縮開始變得頻繁的時候，那就是使用托腹帶的時候了。

就算大腹便便，也要美美的！

自從懷孕後，我經常觀察路上的孕婦，看到那些因為體型變得笨重、疏於打扮的準媽咪們，就會有點看不下去！如果妳相信「懷孕的女人最美」，任其自由發展，那就大錯特錯了！當妳的體型開始變得像青蛙，穿什麼衣服都是炸開的模樣時，真的有辦法在照鏡子時覺得自己好美嗎？

懷孕對愛漂亮的女生來說，真的是一大挑戰！雖然小蜜不是什麼流行教主，但我堅持女人在懷孕時才更要好好地打扮，千萬別覺得反正十個月只是過渡期，就抱持著隨遇而安的心態，得過且過。

我的個性屬於大剌剌型，孕婦裝自然也不會走花俏路線，而以簡單舒適的美式休閒風為主。我不愛那種以洋裝、A字裙、又大又寬居多的正統孕婦裝，加上這類孕婦裝都很貴，生完之後也不會繼續穿，何必花那麼多治裝費呢？光從投資報酬率來看就不划算，當然還是要找價格親民、生完孩子後還能當作穿出門的衣服下手囉！

盧小蜜孕婦穿搭法

我的孕婦服裝搭配以「兩件式穿著」+「預算不過高」為重點。

懷孕

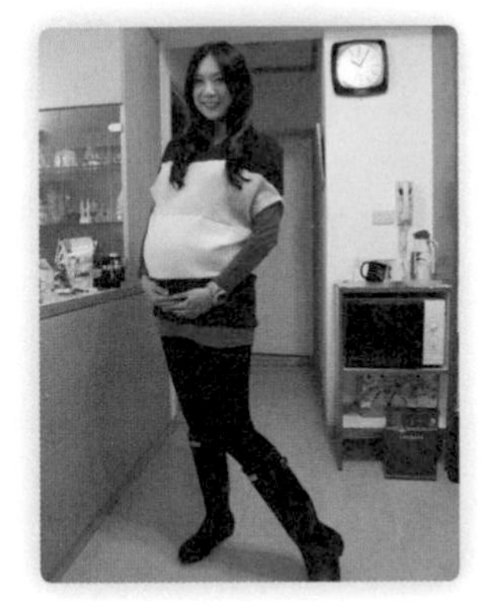

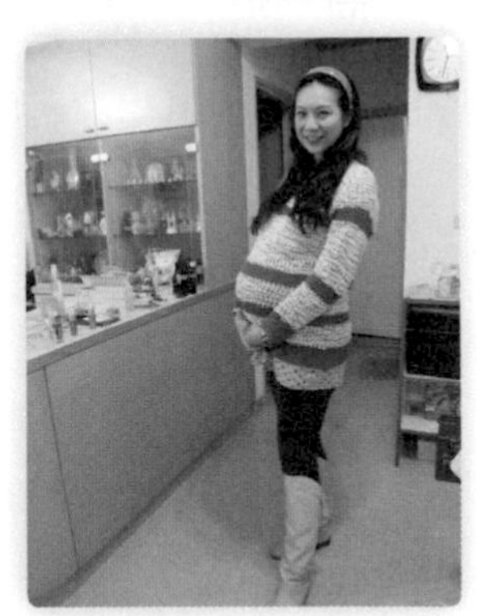

1. 上半身

內搭上衣：

以「孕婦專用」為主，即使價格偏貴，我還是會捨得花錢購買。因為孕婦專用的內搭衣服在材質上比較強調柔軟舒適，針對肚圍的彈性和強化部分機能性都特別處理過，寶寶可以在肚子裡不受拘束。

外罩上衣：

我會挑選和平常穿著衣服差不多的設計款式，然後在手臂、胸部和腰身這些區域更寬鬆的特別剪裁款，避免到了懷孕後期，穿不下或太過緊繃。蝴蝶袖、寬鬆不規則罩衫、斗篷剪裁、長襬傘狀設計……這些都很適合。而且不論在路邊攤或是百貨專櫃都能找到，建議可以依照自己的預算購買。此外，有一個看起來顯瘦的小技巧！那就是冬天時，可以買手前臂緊、上臂鬆的款式，手前臂看起來就會有瘦的感覺，讓人驚呼：哇！這孕婦好瘦！

另外，像是寬鬆針織毛衣、彈性好的棉質上衣，我都很推薦入手，因為它們的彈性夠，就算肚子大到後來會把衣服撐開，也不會有哪裡不舒服的問題。這些上衣單品都可以挑選當季流行的顏色或圖案，完全不受孕婦裝限制，同時又能穿出有型的風格，重要的是生完還可以繼續穿，十分划算！

有些媽媽不喜歡大肚子引人注目，但我不會刻意把肚子遮起來，因為懷孕就是要讓別人看得見啊！如果硬要遮掩，不但沒有孕婦的感覺，而且手腳本來就細的媽媽，還會因為過度遮掩而變得有點臃腫，搞不好別人只會覺得妳肉肉的，那不是更冤枉嗎？

2.下半身

內搭褲：

內搭褲是造型的好幫手，可以依照季節挑選材質，在搭配上也很簡單，只要是能蓋住臀部的長襬上衣就搞定。而且穿內搭褲還有顯瘦的效果，建議購買時可以挑選褲腰頭的鬆緊帶長一點的款式，不用擔心大肚子會被勒住，也可以多買幾件來替換、搭配。

牛仔褲：

如果想要當個有型的孕媽咪，那肯定要有條孕婦牛仔褲。很多衣服只要簡單搭配一條牛仔褲就很讚！一般來說，只要是懷孕後，腿型不要變得太粗或水腫得太厲害的孕婦，都可以穿著它到生產前，真是一項相當棒的發明啊！牛仔褲加件長襬上衣，有時看起來就跟沒有懷孕一樣，最適合喜歡追求時髦打扮、俐落帥氣的準媽咪了！

孕婦褲襪：

孕婦褲襪是我很推薦購買的懷孕期穿搭好物，當時一次買了四雙來替換。孕婦褲襪可以根據喜好與衣服色調來選擇，是想穿出時尚感的孕婦必備法寶。尤其到了懷孕後期，大腿「炸開」，連穿孕婦牛仔褲也覺得很憋的時候，就要靠內搭褲和褲襪來撐場面了！

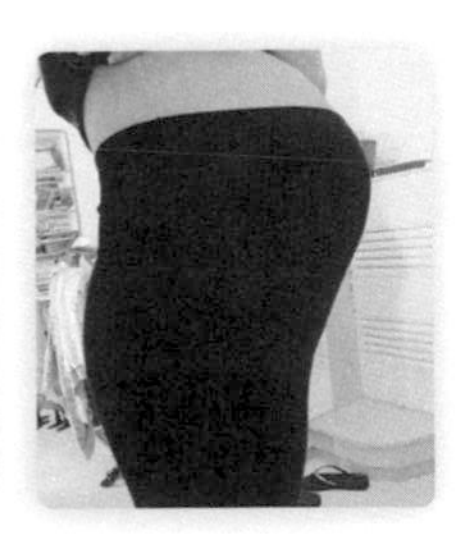

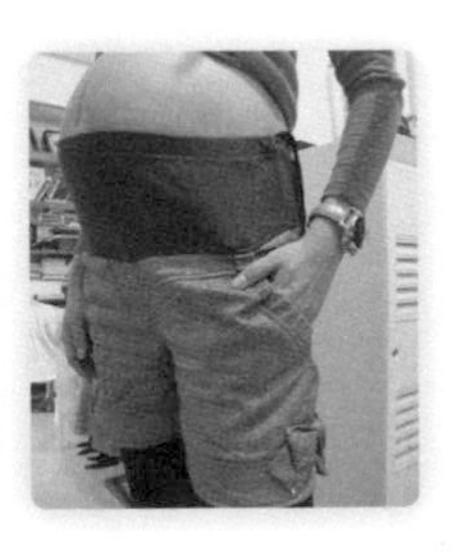

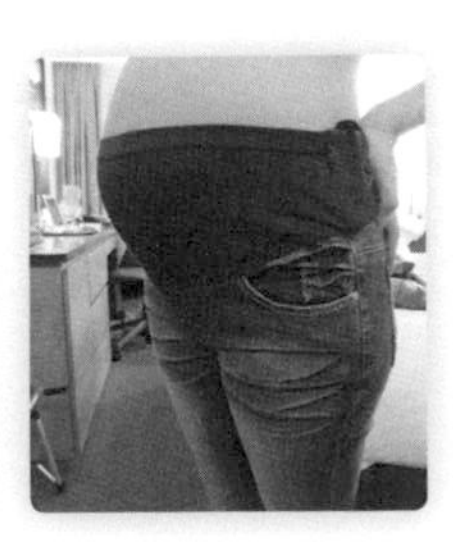

以下是我懷孕時常光顧的商店資訊，提供給愛漂亮又不想花大錢的準媽咪們參考：

★哈韓孕媽咪

這裡有很多休閒舒服兼具設計感的孕婦裝，材質也滿好的，是我懷孕時很愛買的品牌之一。

http://tw.mall.yahoo.com/store/hahan-vip

★蔓蒂小舖

我的孕婦內搭褲、孕婦褲襪，幾乎都是在這兒買的，穿起來舒服又漂亮。

http://www.mandyshop.com.tw/Shop/

★四葉幸運草

有很多小清新的自然風格的服裝，有好多款式都適合孕婦穿著。

http://class.ruten.com.tw/user/index00.php?s=livedisc1688&p=10

★LoVELY

五分埔附近的泰式潮流店，販賣的衣服以色彩繽紛鮮豔、年輕活潑為主，雖然不是孕婦裝專賣店，但是在我懷孕後才發現這家店有滿多寬鬆有個性的服裝，很適合想穿得時髦一點的孕婦穿著。

地址：台北市信義區永吉路四四三巷一弄十八號

電話：02-27495966

就是愛旅遊，小蜜媽媽帶球趴趴走

我是個很喜歡到處跑、四處玩的人，即使懷孕後也沒有降低出國遊玩的興致。

一般孕婦只要懷孕滿四個月就可以出國，尤其是四到六個月這段期間是最適合出國的安全期，我當然會逮住機會，出國好好玩樂一番。

至於孕婦出國要準備些什麼必備物品？就讓我分享給大家吧！

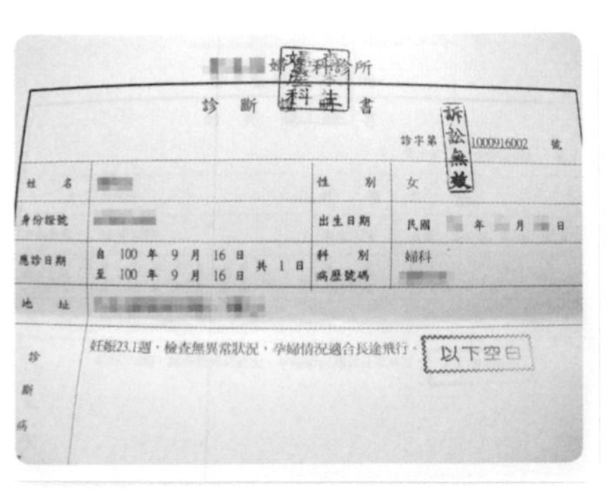

婦產科診所

診斷書

診字第 1000916002 號

姓名		性別	女
身分證號		出生日期	民國　年　月　日
應診日期	自 100 年 9 月 16 日 至 100 年 9 月 16 日 共 1 日	科別 病歷號碼	婦科
地址			
診斷	妊娠23.1週，檢查無異常狀況，孕婦情況適合長途飛行。以下空白		

訴訟無效

適航證明

請產檢醫生開立「適航證明」文件，只要有了「適航證明」就表示孕婦的身體狀況可以搭乘長途飛機。航空公司都會擔心孕婦的身體狀況，所以有了這個證明，才會安心讓妳上飛機。

相關藥品

到了國外，人生地不熟的，語言不一定能通、醫療也不一定完善，遇到臨時狀況時，如果有醫生開的藥品，都會幫助不少，所以有關安胎、止痛、止瀉……的藥品，最好在出國前就請產檢醫生幫忙開好，才不會藥到用時方恨少。

寬鬆衣物

有些國家怕孕婦跳機生小孩來取得國籍，因此為了不被海關刁難，建議準備寬鬆一點的外套來遮掩肚子。畢竟東方人的體型比歐美人嬌小，即便我是偏高大的身材，但在他們眼裡還是算小隻的，只要適當遮掩就不容易被發現。另外，在穿著舒適的狀態下搭飛機出國才能玩得盡興，千萬不要很ㄍㄧㄥ地打扮來累死自己！

好走的鞋款

出國旅遊肯定會走、走、走個不停！就算顧慮到孕婦身分，盡量減少奔波勞動的行程，也會需要走上比平常多的路。四到六個月的肚子不算小，如果想在走行程時舒服點，就要帶雙比較好走的鞋子，不然容易腰痠、腿痠。我不會為了出國特地買新鞋，反而會挑平常穿起來走路最舒服、和衣服最百搭的鞋子，陪我一起出國走跳，這樣才不會越走越累、越玩越累。

靠腰枕

對！靠腰枕就是靠腰用的枕頭。出國玩耍時會搭乘各種交通工具，尤其是在密閉飛機裡的小座位，要孕婦直挺挺地一直坐著，真的會腰痠背痛、坐立難安，這時就可以用靠腰枕來舒緩久坐的不適感。下了飛機後，如果有長途車程也能幫上大忙，為了保持滿滿的元氣，有更多的體力玩耍，當然不能缺了這個好物！

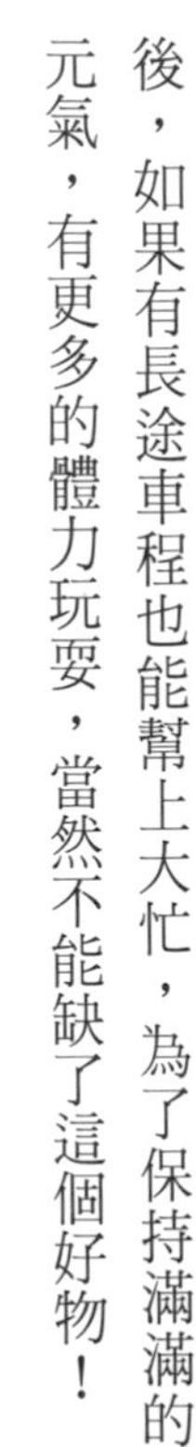

托腹帶

想要帶球趴趴走，托腹帶是必備的輔助工具。倘若步行時間長，對脊椎負擔很大，也會覺得肚子越來越沉。

我不喜歡像個小老太婆似地彎腰駝背，雙手還捧著肚子來減輕下沉感，這時托腹帶就可以派上用場了！它可以減輕肚子沉重的感覺，腰也比較不容易痠，長期走動就能體會托腹帶的價值，是出國不帶不行的好物！

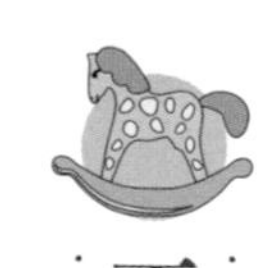

不能不知道的懷孕禁忌

無所不在的胎神

「胎神」這件事，對於婆婆媽媽來說非常重要，從知道妳懷孕開始，她們就會千叮嚀、萬交代：家裡的擺設不要亂動、不能隨便在牆壁上釘釘子、不要亂拿剪刀剪東西、不要亂掃地、更不能搬家……就怕驚擾胎神、動到胎氣，影響到肚子裡寶寶的健康。

當然，抱持著「寧可信其有」的態度，以及不要讓長輩們擔心的想法，我會姑且先停止移動家具等大動作，反正也不是非做不可的緊急事，避免萬一孕期有什麼不適，會都被歸納到胎神這檔事情上，那可就真夠受的了。

我建議準媽咪可以準備一本農民曆，或是用手機下載農民曆 APP。有些農民曆會註明每天胎神在家裡的哪個方位，只要避開胎神所在方位來移動家具或掃地，就可以搞定無所不在的胎神問題。

婚喪喜慶會沖煞？

以民間習俗來說，似乎很忌諱孕婦參加婚禮，原因是：新娘子的新娘神大過孕

婦的胎神，一旦相見，會沖到肚中寶寶。而喪事就更忌諱了！擔心負面的磁場可能會影響到媽媽和寶寶的身體。

這些禁忌我當然都知道，長輩肯定也會耳提面命，不相信的人可以無拘無束地參加任何聚會活動，但如果在意這點，又遇到有非出席不可的重要原因，就很容易左右為難。

根據前輩媽媽們的教導，懷孕時出席婚喪場合，可以在肚子上綁上紅布條或貼上紅紙，避開沖煞的問題。如果是喪事，事後記得向喪家拿除穢淨符使用，多在外面繞繞後再回家，這樣就可以達到避煞的效果，對心情上的安撫也能發揮作用。有需要的孕婦們不妨參考看看囉！

飲食的限制

沒懷孕之前，我還可以亂吃亂喝地過日子，等到懷孕之後，對於吃的食物就開始有很多的限制了。有時候因為害喜孕吐的關係，好不容易吃得下東西，或是明明就超級想吃某樣食物，偏偏那是垃圾食物不能吃，這真的會讓孕婦心情大壞！譬如像是夏天的天氣超熱，大家卻說孕婦不能吃冰，會對孩子的健康不好，諸如此類的事。

我問過醫生，孕婦不建議吃冰其實並不像長輩說的那樣，會影響到孩子的氣管，而是因為擔心冰品的衛生度不佳，怕媽媽吃壞肚子、腹瀉，所以建議盡量不要吃冰。

婦產科醫生也說，只要不過量攝取咖啡因（所謂的過量咖啡因是指：一天超過四十杯咖啡或紅茶），對媽媽和肚子裡的寶寶都沒有太大的影響，所以如果妳是咖啡控或茶控的孕媽咪，真的不需要太過擔心，偶爾享用一下也是ＯＫ的！還有像是吃辣，很多人說會對小孩的皮膚不好，但其實那都是沒什麼根據的傳聞！我問過醫生，醫生就回我說：「那四川人不都吃辣？」哈！最重要的是媽媽要開心，不要吃到拉肚子就好！以上擔憂主要還是怕影響媽媽的身體啦！當然如果妳本身就很養生，那對小孩最好囉！

燙、染頭髮

孕婦避免染燙頭髮，是擔心化學藥劑對體內寶寶造成傷害，所以很多孕婦都選擇生產完畢、餵完母奶後才染頭髮或燙頭髮。這點我也很認同，畢竟化學藥劑是直接接觸到頭皮肌膚，很容易吸收到體內。所以，暫緩燙頭髮，對我來說是沒問題的。

不過，染頭髮可就不一定了！尤其懷孕前我本來就有染髮，整個孕期要忍受頭髮變成布丁頭的樣子，那可真是讓我如坐針氈般地難受。好在我發現了一種天然無害的植物草本染，它主要是以保養為主，色彩部分是附加價值，使用完全沒有化學成分的植物天然色素幫頭髮上色，不會傷害人體。

因為是天然草本，只有八個顏色能選擇，也不是很搶眼的顏色，喜歡誇張一點髮色的媽媽可能就不適合，但對我這種染淺色會看來髮質很糟，加上工作需要穩重感的孕婦來說，就相當適合！

在染髮過程中，可以聞到淡淡清香，完全沒有化學藥劑的味道，和一般染髮劑不一樣！染完之後，只要再上一道固色劑就可以，而這個固色劑一樣是做為食品添加物的安全礦物質成分。不過，要提醒大家的是，草本植物染沒辦法染純黑色的頭髮，能將黑髮染過色的都是化學染劑，只有染過顏色的頭髮才能過色喔！

這個草本植物染髮劑，懷孕或哺乳期的媽媽都可以使用，也是我大力推薦給大家知道的漂亮情報！

草本植物染髮諮詢：
Genic Salon 西華店
設計師：William
電話：02-27136188
地址：台北市松山區民權東路三段一〇六巷二十一弄三號一樓

按摩

根據中醫的說法，孕婦身上有很多穴位是不能按壓的，怕因此會流產或動到胎氣。可是……懷孕起來的痠痛症狀，真讓人好想按摩舒緩一下喔！

術業有專攻，我自己建議可以找比較可靠、有口碑的「孕婦按摩師」尋求幫助。另外，懷孕前三個月及後期，我不建議孕婦按摩，免得真的有什麼緊急情況，那可就因小失大了。

坐月子到底要去哪裡比較好？

從懷孕開始，我就開始想著坐月子這件事，究竟是要在家裡坐月子？還是去月子中心？在家裡坐月子的話，我的婆婆跟媽媽都可以幫忙，只是我覺得坐月子不是只有吃吃補品而已，還多出一個軟趴趴的嬰兒要照顧，舉凡護理、餵奶、洗澡、換尿布……這些事情要處理，雖然白天婆婆和媽媽可以幫忙，但是到了晚上還是得靠自己，總不能請婆婆媽媽熬夜幫忙顧小孩吧！

如果真的讓她們煮飯、帶小孩統統包辦，對長輩來說絕對會太累的，所以最後我決定還是交給坐月子中心，相信有了專業的工作人員分工照顧，我和小孩都能夠獲得足夠的休息。

由於少子化，現在月子中心超搶手，得提早去參觀，才能有比較多的選擇，也避免到了懷孕後期，才頂著大肚子四處奔波。

我瀏覽了很多網路上的資料，也參考很多網友的比較，列出了自己在意的條件：1.合法、2.房間設備、3.嬰兒照護、4.附近交通環境、5.月子餐、6.附設洗髮、7.訪客管制、8.媽媽教室、9.公共環境、10.自費物品、11.價格、12.停車、13.訂金、14.優惠，加上個人偏好的裝潢設計，以及窗外風景這種主觀的審美需求……

在過濾了一輪後，我挑選了幾家坐月子中心預約參觀，在經過天人交戰後，最後我根據下列重點，挑選到一家坐月子中心。

地理位置

第一胎和第二胎的坐月子中心，分別離我的公司和家裡都很近，不管臨時要拿什麼東西，或想到什麼需要，都能很方便快速搞定。尤其我經常忘東忘西，如果坐月子中心離家裡太遠，應該會把胖子搞到瘋！

不過，我要在這裡偷偷說一下：月子中心離家和公司很近好棒！這是我還沒坐月子時的想法，等到真的坐完月子後，也會有「挑交通比較不方便的坐月子中心也不賴」的想法出現，因為這樣就不會突然冒出一些不太熟悉的親友來訪了。

雖然我知道大家是好意來關心，但當我為了擠母奶搞得手忙腳亂時，還要和絡繹不絕的訪客在會客室哈啦，真的很崩潰，新手媽媽真的會招架不住啊……

房間設計

我對於走時尚設計路線的坐月子中心比較無感，反而偏愛溫馨居家的感覺，最好還有一大片落地窗，讓室內採光良好。

畢竟在坐月子中心得住上一個月，如果一直待在視野不佳、看不到人群的狹小空間裡，愛熱鬧的我應該會悶壞，所以我偏向選擇有寬敞視野，加上溫馨風設計的月子中心。

公共空間

剛生產完、傷口未復原的媽媽，會因為久坐而不舒服，不管是坐在硬硬的椅子上聽完媽媽教室課程，或待在會客室和親友聊天，都是一種折磨。所以，有舒適貼心軟沙發設計的月子中心，對我來說可是有大大加分的效果！

附設洗頭與SPA按摩服務

我非常需要洗頭的服務。在坐月子期間不能洗頭是中國人的習俗，但我不知道自己可以撐多久？萬一受不了要洗頭的時候，有附設洗頭服務就會省事很多。至於SPA按摩，雖然不一定會用到，但有備無患總是好的。

親切專業的工作人員

服務絕對很重要！我會觀察月子中心的人力是否充足，這樣才可以好好地照顧媽媽和寶寶。還有接待人員、櫃檯人員、護理站人員，甚至是打掃阿姨，是否微笑以對，擁有良好的服務態度？這些小細節都是影響我做決定的因素。

贈送全家福光碟

會特別提出來說是因為……我覺得從生產到坐月子結束，會是一種虛脫疲累外加邋遢的恐怖狀態，如果能在離開月子中心前，有專業攝影師幫全家人拍照，讓媽

咪有機會漂漂亮亮地留個紀念，會是個滿不錯的體驗。

口碑推薦

我會觀察月子中心在網路上或親友間的評價，第一胎的坐月子中心就是根據網友、朋友的建議挑選的；第二胎的坐月子中心則是去探訪剛生產完的朋友時注意到的。

因為是服務業，口碑當然最重要，在軟硬體合格的條件之外，再加上口碑，住起來當然會更安心。

大寶可過夜

這是到第二胎時才會考慮到的問題，但對於生產第二胎以後的媽媽來說，這會是很棒的貼心服務。畢竟胖nana還小，總不能一整個月都看不到媽媽，而且我也會想他，所以能提供大寶過夜的坐月子中心，更深得我心。哈哈！但大寶過夜這件事，也還得要看大寶的個性！像胖nana從小就在外跑跳，一起床就是要出門，所以跟他一起住過一夜之後，我整個人覺得要被搞死！不過畢竟有備無患，對於需要的媽媽來說，也是可以考慮進去的條件。

對抗恐怖的妊娠紋

我在懷第一胎的時候，上網搜尋了妊娠紋的相關資料，那些照片實在很嚇人，讓我真的有驚到！所以，平常不怎麼愛保養的我，懷孕時可說是人生中保養得最勤奮的時候。

妊娠紋的由來是因為懷孕肚子變大，將皮膚的真皮層膠原組織與彈力蛋白給撐斷所留下的疤痕。其實最重要的預防方法是「控制體重」，因為如果身材突然爆肥，就很容易讓妊娠紋在肚子上炸開來。

我聽過一位孕婦在懷孕八個月時身材都維持得很好，卻在某次吃了牛排大餐後，妊娠紋瞬間現身的悲慘故事，所以不斷提醒自己，飲食上一定要盡量控制。再來，最實際的預防方法就是從懷孕後就開始塗抹妊娠霜（油），在肚子還沒長大時加強保濕，增加皮膚的彈性柔軟度，這樣皮膚才不會在肚子大起來之後，一下子負擔不過來。

我要大大推薦的妊娠保養好物是朋友送我的禮物，來自英國的保養品牌「Love Boo」。它是很多國外藝人都愛用的平價商品，兩位創辦人都是從事時尚雜誌編輯的媽媽，產品強調純淨、天然、無負擔。很可惜的是，我沒有在懷胖nana時就知道這個品牌。讓我趨之若鶩的LoveBoo，個人覺得最好用的是「緊致無痕奇蹟油」。

奇蹟油具預防妊娠紋的效果，含有高級摩洛哥油，只要擦一點點就可以很滋潤，而且吸收超快，完全不油膩，加上生薑、檸檬、柑橘成分可以抑制孕吐，自然的清香讓人覺得超舒服，擦上後還能舒緩肚子緊繃的感覺！

每天我會在早上、下午、晚上、睡前各塗抹一次；擦在肚子、大腿、臀部、胸部、手臂這幾個部位，預防妊娠紋在不該出現的地方現身，到了生產完都可以保持沒有妊娠紋的狀態喔！

「Love Boo」在奇摩購物網站也買得到，有需要的孕媽咪可以入手！
http://tw.search.buy.yahoo.com/search.php?p=love+boo&z=0&subno=0&from=fp&hpp=gdsearch&rs=0&catsel=

自然產或剖腹產

懷孕到了後期，不免會開始思考生產時是要自然產還是剖腹產的問題。我本人傾向自然產，因為雖然知道自然產會很痛，但我總覺得既然要生孩子，就得要體驗聲嘶力竭、拚死拚活的生產過程，才有完整的感覺（是不是很變態？哈！）。如果只要動個刀，小孩很快地冒出來，就沒有那種辛苦幾個月、苦盡甘來的完美收尾感啦！所以，我決定只要沒有意外的狀況，就以自然產的方式迎接寶寶的到來。

自然產的好處很多，像是經由產道擠壓會讓寶寶更健康、母體恢復得比較快、比剖腹產省錢……這些原因，相信很多人都知道，但我覺得除了這些好處，還會有種未知的刺激感，這才有生產的臨場感啊！

即使做好了自然產的心理準備，我的神經也算大條，但還是會有不知道寶寶什麼時候要退房的緊張情緒，越接近生產日期越擔心，萬一今天有重要事待辦，寶寶偏偏挑今天退房就麻煩了……還好，媽媽的精神喊話有效，胖nana、水晶晶算是很給我面子，出生時間都算相當配合了！

說實在的，我的兩胎寶寶體重都滿驚人的，超過三千五百公克。想想自己能自

懷孕

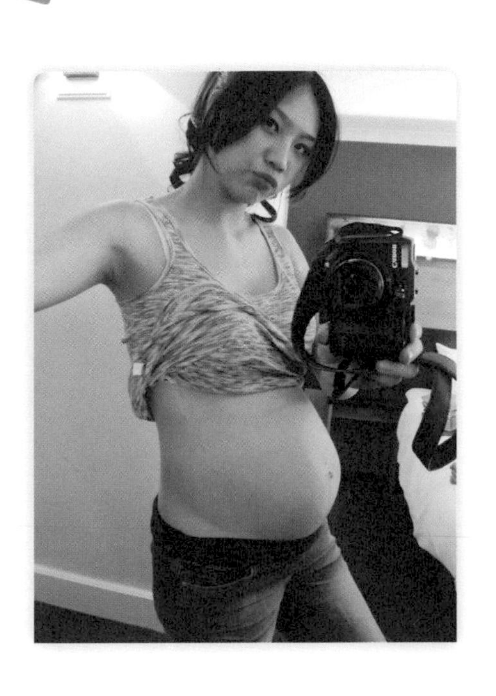

然生產，真是超猛！第一胎生胖nana時，還有打無痛分娩，所以整個生產過程就像在天上飛一樣輕鬆自在，只有最初陣痛和最後生產時有痛感，但在生妹妹水晶晶時，產程果然像前輩說的超級快！我到醫院時根本來不及打無痛分娩，結果整個產程中，我一直有著「怎麼辦？老娘要死了……」的那種崩潰感。

不過，說實話，生完沒多久，我就忘了那種恐怖的疼痛感覺，相信如果還有下胎，我想……我還是ＯＫ的！哈哈！

順產方法

懷孕後期，醫院的衛教單位都會發給孕婦一張「青蛙蹲」的圖片教學，希望能夠幫助產婦在生產時骨盆擴張，讓寶寶順利誕生出來。雖然教學圖片總是不太美觀，教學姿勢也不太雅觀，但經由醫院專業認證的運動法，我相信還是有其功效的，所以我也有跟著做，而且效果不錯。

再來，就是每個婆婆媽媽和過來人都會告訴孕婦的「多走路」運動法，這部分我也有照做，尤其到懷孕後期時，頂著大肚子走路負擔很大，但我都還是盡可能地多走路，有時是從晚餐地點走回家，或是特地外出散散步，這真的是幫助順產的好方法。

此外，鼎鼎大名的「拉梅茲呼吸法」是藉由呼吸的調整，來讓生產節奏更順暢。這個方法不論是上網查詢或是醫院提供的媽媽教室教學，都可以諮詢得到，有興趣的媽媽不妨參考。不過，我偷偷地想，痛到快升天時，根本就記不得那些呼吸步驟了，腦中只有快點解脫，把孩子給生出來的想法吧！

切記，決定要自然產的媽媽，生產時一定要學會用對力氣，如果用力過猛或使力錯誤，反而容易讓眼睛或臉上的微血管爆開，導致身上瘀血或全身痠痛，甚至到緊要關頭卻沒力氣把寶寶生出來，造成產程遲滯，這樣就麻煩了。不過，到底怎樣才叫用對力氣呢？很簡單！把力氣集中在陰道口，好好使力就對了！其實醫生是說雖然像在上大號，但如果真的是肛門用力的話，很容易會有痔瘡，所以要注意！

待產包＆月子包的行頭

我生第一胎時因為提早了十四天（兩週）生產，待產包根本來不及準備，頓時手忙腳亂！有鑑於此，到了生第二胎水晶晶時，我在三十六週時就開始準備待產包了，加上我出院後將直接去坐月子中心，因此月子包也就一起準備了！

因為有過第一胎經驗，有點小小心得可以和大家分享。

其中一個重點就是：同品項的物品不用準備太多，各項帶一些就夠了。由於每個媽媽的生產過程不同，產後狀況也不同，所以先準備一星期所需的數量，不夠的話再補充就好，這樣也可以省下一些錢。也可以特別注意，有些物品坐月子中心會提供，就不用特地準備了。

不過，如果是要回家坐月子的媽媽，那麼要準備的行頭可能會比我下面列的還多。

證件和文具

- 夫妻雙方身分證：辦理出生證明使用。
- 媽媽的健保卡：辦理住院手續使用。
- 媽媽手冊：辦理住院手續使用。
- 戶口名簿：報戶口時使用。

・印章：讓家人帶在身上，萬一需要簽名，本人卻不在時可以使用。
・月子中心訂單：生產完畢可以請家人聯絡月子中心，安排入住時間。
・筆記本：記錄陣痛時間、產後護理、新生兒照顧……等注意事項。
・一年的育兒日記本：用來記錄寶寶出生後的喝奶、睡覺時間。
・筆：帶個兩、三支筆以防斷水。
・夾鏈袋：裝眾多文件，以免搞丟。

上半身行頭

・溢乳墊：前幾天母奶不足用不到，但之後開始有母奶就需要了，除了預防溢乳的同時，還可以保護乳頭摩擦衣服的不適感。
・清淨棉、濕紙巾：選擇無酒精香味的，清潔乳頭或擦拭東西時可以使用。
・集乳袋：保存母奶用，不用準備太多，不夠再買就好。
・熱敷袋：熱敷乳房來刺激乳腺發奶。
・美樂羊脂膏：初餵母奶必備，乳頭破皮時可以塗抹護理。
・哺乳內衣：運動型和正常哺乳內衣。剛生完前幾天和睡覺時，穿餵奶方便又舒服的運動型內衣，之後就建議穿沒鋼圈的哺乳型內衣，讓胸部定型。尺寸依照產後身型，自行決定即可。
・擠奶器：坐月子中心有提供，但在家坐月子的媽媽則要自行準備。

大size
正常size
運動型

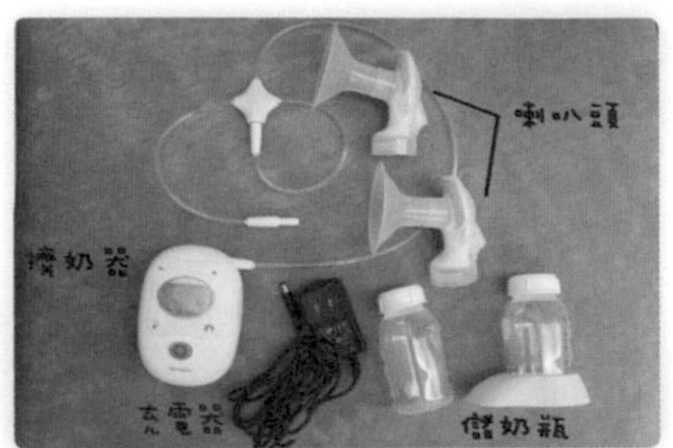
喇叭頭
擠奶器
充電器
儲奶瓶

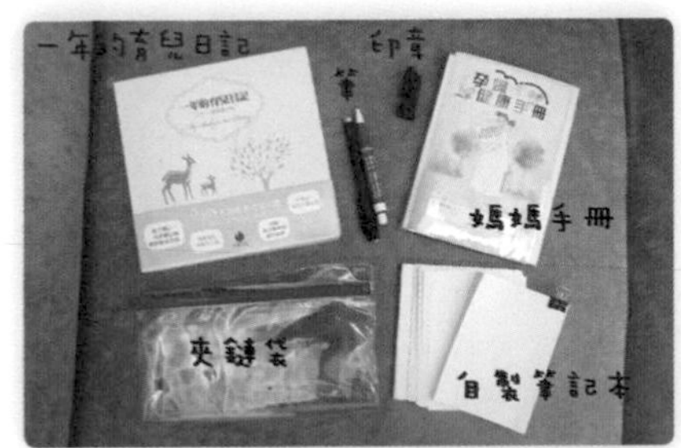
一年的育兒日記
印章
筆
媽媽手冊
夾鏈袋
自製筆記本

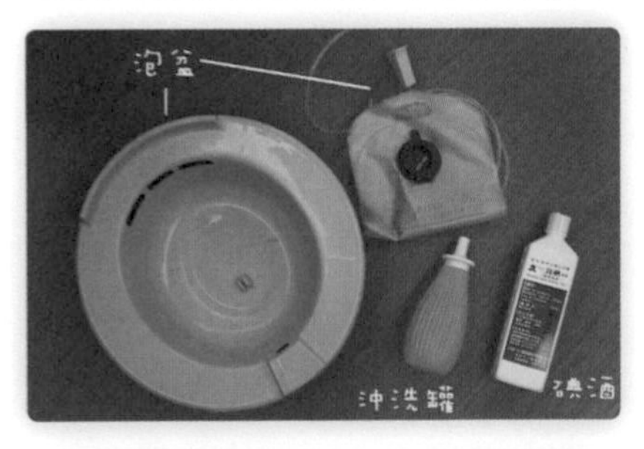
泡盆
沖洗罐
碘酒

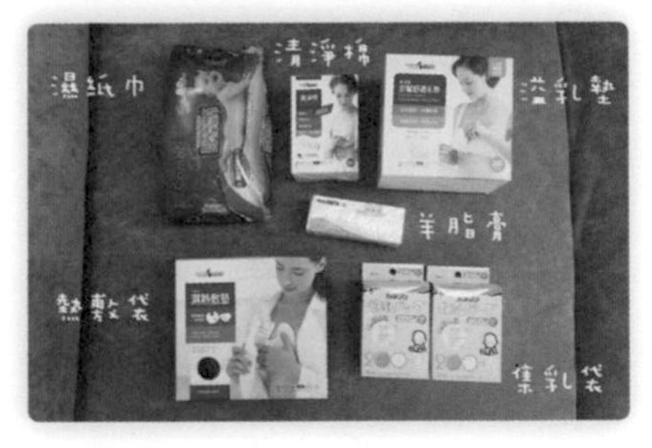
濕紙巾
清淨棉
溢乳墊
羊脂膏
熱敷袋
集乳袋

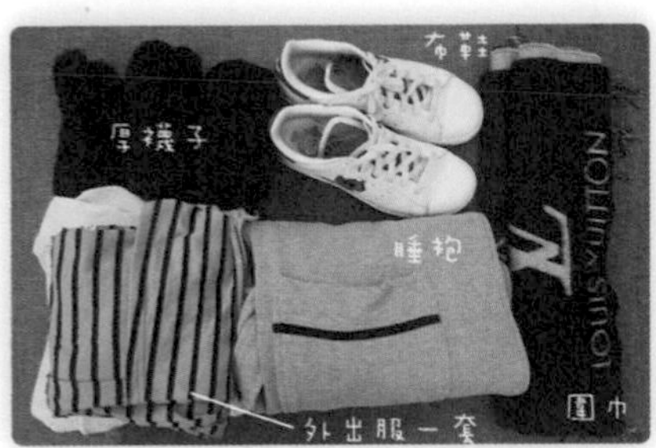
布鞋
厚襪子
睡袍
外出服一套
圍巾

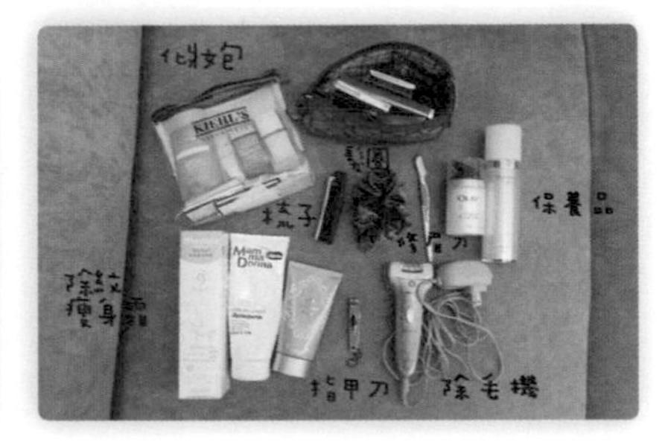
化妝包
梳子
修眉刀
保養品
除紋瘦身霜
指甲刀
除毛機

下半身行頭

- 看護墊：先破水的媽媽會用到滿多片，產後怕惡露沾染到床單時也能使用。
- 產褥墊：自然產、惡露較多的媽媽比較需要，剖腹產的媽媽會用得比較少。
- 免洗內褲：準備個四十件，整個月子期間使用完就丟，隨時想換就換，方便又便宜。
- 沖洗罐：自然產媽媽才需要，用來清洗產道傷口。
- 碘酒：自然產媽媽傷口消毒使用。
- 泡盆：自然產媽媽泡碘酒消毒傷口用。
- 有彈性&無彈性束腹帶：幫助固定內臟，讓肚皮恢復緊實度。
- 美腿襪：單純用來恢復身材。

個人用品

- 衛生紙：至少兩包，尤其是自然產，消耗量極大。
- 盥洗用品：牙膏、牙刷、漱口杯、洗面乳……等個人用品。
- 毛巾、浴巾：一條擦手、一條擦澡用。
- 室內拖鞋：最好是絨毛或布料材質，讓腳部保暖用。
- 鯊魚夾×2：用來夾前後衣服，清洗傷口才不會麻煩。
- 鏡子：最好是立鏡，觀察自然產傷口恢復的程度。
- 近視眼鏡、隱形眼鏡：近視媽媽們的必備用品。

- 除紋瘦身霜：綁束腹帶之前塗抹，生完幾天後就可以使用。
- 梳子：萬一太久沒洗頭，頭皮癢時可以抓癢舒緩。
- 髮圈或髮箍：把頭髮整理好，才會神清氣爽。
- 保養品：待在坐月子中心的媽媽要準備。
- 指甲刀：隨時剪指甲，擠奶和照顧寶寶都不適合留指甲。
- 簡易化妝包：萬一臨時要見重要的訪客或拍照留念，可以使用。
- 修眉刀、除毛機：不介意的人可以不帶，但我自己是很需要啦！

衣物類行頭

- 厚襪子：保暖用。
- 有口袋的睡袍：保暖用，就算是夏天也有冷氣，加上生產完大失血會怕冷，還是要穿。口袋則是方便攜帶相機或手機。
- 外出服：住坐月子中心的媽媽帶小孩打預防針或離開外出時可以穿著。
- 圍巾、帽子：避免吹到風的保暖配件。

寶寶用品

- 玻璃小奶瓶：新生兒120ml容量即可，同時預防追奶壓力大。
- 安撫奶嘴：不同品牌的兩、三個。
- 小罐奶粉：母奶不夠時可頂著用。

- 出院服：一套外出服裝，冬天可以外加包巾。
- 兔裝、手套：新生兒必備行頭，可以準備七套，方便吐奶時更換。

用品類

- 手機、充電器：溝通聯絡的必備品。
- 相機、電池、充電器、記憶卡：方便拍照記錄使用。
- 筆電、電源線：工作所需，或是缺少什麼物品時可以立刻上網買。
- 隨身碟：隨時複製記憶卡裡的資料。
- 延長線：萬一插座不夠，可以派上用場。

以上就是我的待產包和月子包行頭，大家可以依照個人的習慣攜帶。臨時去買或請家人幫忙帶來都很方便，只是我個人急著要用時，就會沒有等待的耐性，所以統統準備齊全。

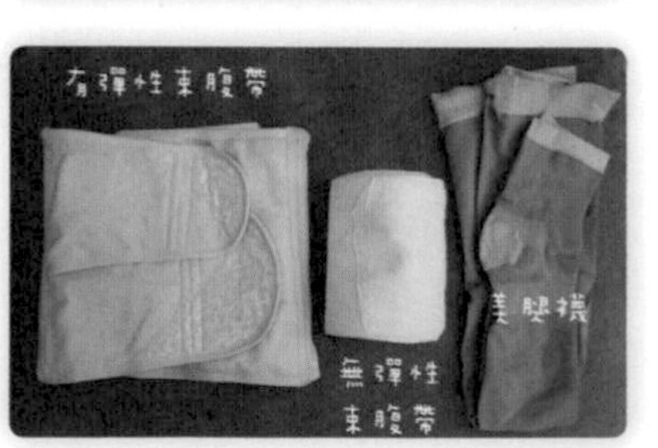

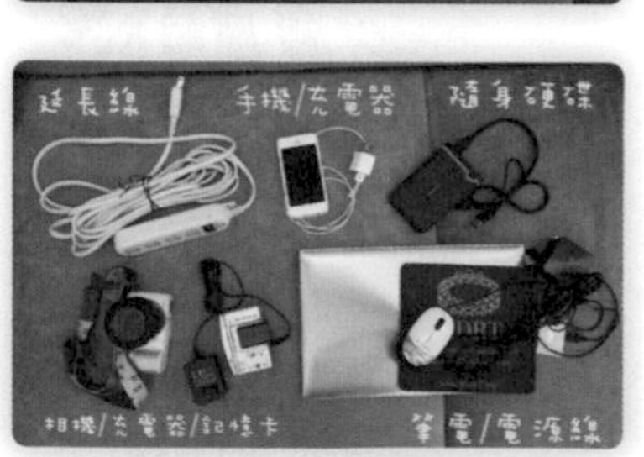

Chapter

TWO

新手媽媽養成術

緊張刺激的生產

當懷孕步入生產倒數階段，最讓產婦忐忑不安的就是：「到底什麼時候才是真的要生了？」、「到時候要怎麼去醫院？」……會有一連串的問題在腦海裡盤旋。我在懷孕後期時，模擬幻想過好多次生產的場景，但經過兩胎的實際體驗後，只能很不負責任卻很實在地告訴大家：「情況永遠和妳設想的不一樣！」

像我生胖nana時比預產期提早了十幾天，先有落紅跡象，然後再到醫院待產，連待產包都還來不及準備好，就迎接他的到來。到了生第二胎水晶晶時，有了第一胎經驗，知道可能會提早生產，待產包早早就準備好，但沒想到的是：沒有落紅、沒有破水，甚至來不及打無痛分娩，水晶晶就超快速地來報到了！

所以……我只能說，什麼時候要生？那真是人算不如天算！

唯一能照經驗法則來看的就是：破水一般在二十四小時內就會、也必須要生產，因為子宮已經沒有羊水，肚子裡的寶寶要盡早出來才不會有突發狀況。如果是先破水的孕婦媽媽，洗澡、洗頭、拿待產包到醫院報到的動作就要快點；如果是先落紅的話，則沒有那麼急迫，有些孕婦甚至等上一、兩天才會有固定陣痛的產兆出現（我落紅到生產的時間還算快的了）。

當有破水或落紅產兆發生的時候，媽媽們還要計算陣痛時間和頻率，有的大型

醫院會請妳五至十分鐘規律陣痛一次，才去醫院報到，同時加上開兩指的條件，才能辦理入院待產手續。

這些錯綜複雜又不規則的生產模式，我想應該會讓人有惶恐的感覺，不過母性的直覺與反應，往往會在小孩即將誕生時，就敏銳地感應到不尋常的跡象，屆時就會發揮出不可思議的處理能力，這是我覺得最神奇的地方，所以新手孕婦們千萬別太擔心，一定能搞定的！

在生第一胎的時候，我是用手寫來記錄陣痛時間；到生第二胎時，我發現手機有記錄陣痛的 APP 軟體，非常方便，建議大家可以去下載。

時尚媽咪的老派坐月子方式

我是個外表新潮，但對坐月子這檔事骨子裡超老派的人，因此在坐月子期間，除了乖乖遵守醫生的醫囑外，不洗頭、注重保暖……這些前人提供的古法，我統統都照做。

聽到很多前輩經驗談，都提到洗頭這件事還是別鐵齒比較好，免得種下日後頭痛的病灶。我原本就打算坐月子時要來挑戰看看可以撐多久不洗頭，萬萬沒想到，我竟然可以撐完整個月子期間都不洗頭，是不是很強啊？哈哈！

至於在坐月子期間，我大量喝養肝茶、泌乳茶、紅豆水。養肝茶可以照顧新手媽媽操得半死的身體，泌乳茶能幫助發奶，讓寶寶沒有斷糧的問題，紅豆水則可以消水腫，讓體重快點減輕。

我卯起來喝這些湯湯水水，就是希望讓自己的身體盡快恢復到最佳狀態，以面對即將到來的新手媽媽適應期。而且為了恢復生產消耗的身體狀況，每天的月子餐我一定都吃完！除了飯、麵、澱粉吃較少之外，也幾乎不吃外食！既然都來坐月子了，就決定要在這個月把身體調養到最好！

生完才是挑戰的開始

生產後，進入和寶寶一起生活的新手媽媽適應期，那是我懷孕時完全想像不到的經驗。在經歷過這些種種考驗之後，我只能說媽媽真偉大啊！如果妳是個即將要生產的準媽媽，希望能先做好心理準備，才不會出現產後情緒崩潰，甚至引發產後憂鬱症的問題。

其實每個遭逢第一胎的媽媽都是這樣的，到了第二胎，這些不適症狀、和新生兒作息奮戰的辛苦，就可以比較輕鬆搞定。像我有了生胖nana的經驗之後，在水晶晶出生之後，很多當初覺得難以撐過去的事情也都駕輕就熟了。希望新手媽媽們不要把自己的情緒搞得太緊繃，也別自我要求太高，想當個一百分媽媽，在撐過四到六個月之後，妳會發現，自己漸漸無敵了喔！

和疼痛作戰

生產完，媽媽最先面臨到的就是子宮收縮疼痛的問題。在子宮恢復到產前的模樣時，過程中的疼痛其實還滿磨人的，雖然不至於痛到滿地打滾，卻是有點像經痛的感覺一樣，讓妳無法好好休息。我自己覺得第二胎的痛比第一胎還嚴重，好險只會痛幾天，不然真的很難好好休息。

另一個疼痛則是自然產的後遺症，可能是生產時用力過度，導致我出現了全身痠疼的症狀，就像是運動過度的肌肉痠痛一樣，大概持續了三天才減緩，但在那三天裡，只要一移動，我的身體就像散掉要重新拼回來一樣痛苦。

再來就是傷口的疼痛！我兩胎都是自然產，所以當然傷口就在下方～這位置的傷口真是搞死人，坐也不是、站也不是，怎麼樣都不舒服！而且剛生產完，傷口位置還在充血，只要站一下就會有很腫脹的不適感，幾天過後傷口終於不疼了，但開始有傷口癒合時那種很癢的感覺，超折磨人的！

傷口疼痛的解決方式就是盡量保持通風，因為產後會有惡露，必須墊產褥墊，如果又穿褲子就會讓傷口悶住。此外，盡量不要正坐著，可以躺在沙發上或是直接躺在床上，盡量小心不要壓到傷口。我生完第二胎後就是這樣做的，感覺傷口復原得比生第一胎時快，傷口癒合時也比較沒有那麼癢。

和黃疸作戰

新生兒普遍都有黃疸，對很多媽媽來說這是件小事，但胖nana出生後，黃疸指數一直反反覆覆偏高，更住了兩次醫院，這讓我人生中第一次體會到做媽媽那種心疼和不捨的感覺，在沒當媽媽之前，那真的是無法體會到的。

在我進入坐月子中心第七天，胖nana就因為黃疸指數偏高，第一次住進醫院治

生產

療。為了將黃疸指數降低，驗尿、肝功能檢查、蠶豆症報告……這些都做了，等到黃疸指數下降，報告出來也正常，我才趕快把胖nana接回月子中心，也持續用很多人建議的「日光療法」讓黃疸指數更穩定。

胖nana第二次住院是我在坐月子中心的第三週，仍舊是因為黃疸偏高，月子中心醫師建議到醫院住院檢查，結果陰錯陽差地還檢查出了泌尿系統感染，多住了好幾天。那時看著小小的嬰兒躺在醫院裡，手插著點滴，還有血漬，心裡真的好無助，不知道該做些什麼才能讓胖nana快點康復。他住院的那十天（連過年都在醫院過）對我來說度日如年，孩子果真是媽媽一輩子的牽掛啊！

第三次住院，是胖nana兩個月大的時候，很多人看到他時還是會問：「怎麼那麼黃？」但對每天都看著他的我和胖子來說，其實沒有太大感覺。直到第九週回診，黃疸指數竟然飆到前所未有地高！我們決定換家大型醫院試試看。當天晚上因為胖nana一直哭鬧，我們心急地帶他去急診，結果因為黃疸指數高達二十，要安排住院，當時醫院沒病房還安排他入住了加護病房，我當時真是要暈倒了！狀況真的有那麼嚴重嗎？

然而，換了一家大型醫院檢查果然有用，醫生一看就果斷地請我先暫停餵母奶，改餵配方奶，結果經由停母奶、不照光，黃疸指數卻持續下降的相關診斷，終於確定胖nana罹患的是「母乳性黃疸」，但這樣大的寶寶，黃疸已經傷不到腦了，只要留意喝奶狀態和活動力是否正常，就沒什麼大問題，還是能繼續餵母奶。

終於，到了胖nana四個月大的時候，我可以不用再擔心黃疸問題了。這個過程希望能分享給大家，萬一新手媽媽遇到寶寶黃疸怎麼都降不下來，也檢查不出問題時，建議還是到大型醫院就診。

雖然這段就醫經驗相當波折，但也讓我更加了解，作為一位媽媽，對孩子與生俱來的感情與不捨，原來是這麼奇妙！看到小小孩在醫院裡躺著，連平常很man跟極度樂觀的我都忍不住鼻酸，落下淚來……

餵母奶真不簡單

餵母奶是很多媽媽產後憂鬱症的最大原因，而這也是在我生第一胎時完全沒有預料到的難題。我當時傻傻地以為生完就解脫了，沒想到整個月子期間都在和母奶搏鬥，因為從脹奶開始，我沒有一天睡超過四小時！

脹奶、擠奶的疼痛真不是蓋的，一開始胖nana喝奶的方式不對，讓我整個乳頭破皮起水泡，這真的會痛到把人逼瘋！最恐怖的是，幾個小時就要重複一次自己把受傷的乳頭送到小孩嘴裡的動作，想想看，有多折磨人！

此外，我每天擠奶擠到手痠、脖子痠的，睡眠嚴重不足，整個人好累好累！萬一此時又看到坐月子中心其他媽媽都有足夠母奶、長輩說某某鄰居親戚都沒有奶水不足，這種「精神折磨」很容易把產婦逼入產後憂鬱症的地獄裡。

自己餵母奶的話，最好學會躺著餵母奶這件事，這樣可以在哺乳時和寶寶一起睡個覺補眠，睡得足夠，加上親餵也能夠提升母奶的產量，躺餵一起睡絕對是一舉兩得的事情！千萬不要為了拚奶量而犧牲太多睡眠時間，必要時用配方奶頂一晚，隔天睡飽、奶量大增時，就會比較好過囉！

欣慰的是，大概撐過坐月子的這段過渡期，就可以漸漸適應了，也不會再有疼痛受傷的狀況，漸入佳境的餵母奶生涯就輕鬆很多。所以，剛生完的新手媽媽要盡量放輕鬆，調適心情，千萬不要被身陷「母奶地獄」給打敗了！

然而，擔心奶量不足的問題解決之後，莫非奶量充沛就完全ＯＫ了嗎？不！不！不！還有奶量過多、乳腺炎的問題！

水晶晶出生後，和胖nana一樣，也有母奶性黃疸的狀況，於是我從第六天開始就停止餵母奶，母奶就只好先擠出來。原本狀況還滿順利的，奶量也穩定，但是，只是偷懶兩天沒有半夜擠奶，胸部底處靠腋下那邊整個痛到不行！有塞奶的硬塊，瞬間心情馬上down下來。上一胎我因為餵母奶也有憂鬱傾向，本以為這胎可以處理得很好，誰想到會這樣！趕緊先請月子中心護理師幫我疏通，但這不是乳頭上的小白點塞住，而是堵在深層，所以擠起來非常痛！之後甚至連手臂靠到胸前都覺得很痛，同時還有發熱頭暈的情況。

網友建議的退熱貼我也用上了！但躺著就是會有忽冷忽熱的感冒發燒感覺，我看苗頭不對，上網找了支持餵母乳的謝璧光醫生（超有名！她有國際哺乳協會執照）看診去！

醫生交代我「不要推」、「不要擠」、「每小時用手擠個五分鐘」、「每三到四個小時還是正常擠奶」，讓塞住的奶慢慢流出來即可，和平常我們聽到的熱敷、按摩完全不一樣！她還教我觀察母奶狀況，將母奶擠到白杯子裡，較黃的奶就是發炎的，白杯子才能看出差別，同時還開了消炎藥給我吃。至於有乳腺炎的那邊乳頭就讓水晶晶吸吮，幫助疏通。照著醫生指示，我很快就解除了忽冷忽熱和疼痛的問題，不得不說找對醫生真的很重要！還有另一位博仁醫院的毛心潔醫生，聽說她也很棒，但因為醫院有固定看診時間，如果等不及的塞奶媽媽，我還是建議可以找謝醫生看診。

通常乳腺炎如果處理得好，會在二至五天就慢慢緩解，發燒在一天內會解除，疼痛感則是在一天到兩天後就會消失，乳房硬塊則在數天內消失。皮膚發紅可能持續一週或更久，但只要有改善就會持續復原。然後，如果有疼痛硬塊、發燒忽冷忽熱的情況，就千萬不要硬擠硬推了，不然乳腺炎嚴重起來是很可怕的！

因為塞奶導致了乳腺炎，所以我開始少喝湯湯水水，接著早晚吃兩顆卵磷脂，擠奶時真的會感覺胸部沒那麼硬，也通暢很多。

經過這次的經驗，我更肯定母奶絕對是產後憂鬱最大的兇手！同時也要提醒大家，如果要探訪坐月子中的媽媽，請先跟對方喬好時間，因為準媽咪真的很忙！不是閒閒沒事等大家來玩。若有先約定時間，可以提早把奶給擠好，迎接朋友到來時也會更開心！玩驚喜那套只會把她們逼向產後憂鬱的深淵喔！

另外，講到親自餵母奶和用奶瓶餵母奶這兩種方式，我兩種方式都有試過。現在的媽媽不知道被哪裡來的觀念給嚇唬到，譬如：寶寶吸奶瓶比較輕鬆，所以不親自餵奶、或是擔心乳頭混淆的問題，所以只能親餵或瓶餵選一種！但對我來說，媽媽給你吃啥就吃啥，管你那麼多咧！寶寶肚子餓就會吸奶，才不管是奶瓶還是奶頭，他才不會讓自己餓到！很多媽媽可能是在轉換過程中，看到寶寶大哭而不忍心堅持下去，但說真的，塞個幾次寶寶就乖乖喝了，嬰兒真的沒那麼複雜！

發奶聖品&方法：

發奶聖品

- 產後第一週：酒釀蛋、雞湯、魚湯。
- 產後第二週：麻油酒系列（麻油酒蛋跟麻油酒豬肉）。重點是一定要有酒，才會有發奶效果！

另外，每天喝大量湯湯水水，一天大概5000ml，就會擠出來大概1000ml的母奶，由此可知母奶多珍貴！

方法

追奶的話，除了親餵之外，固定時間三小時一定要擠！尤其半夜三點到五點，這段時間據說是泌乳激素最旺盛的時段，就算調鬧鐘都要起來擠奶！但這是給坐完月子要上班、要存糧的媽媽的意見，如果都是自己帶的話，最棒的狀況就是都親餵，不要擠，供需平衡是最好的，因為擠奶也是很麻煩的！

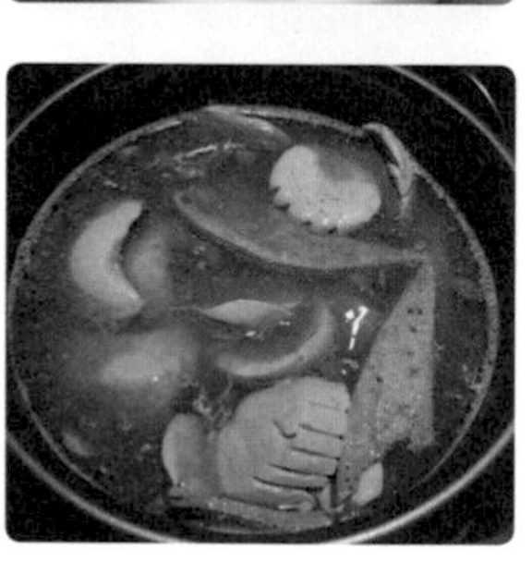

清潔問題

自然產有排不完的惡露，在產後十天內的量最多，之後則是斷斷續續的，像我就幾乎長達兩個月，每天光是清潔就耗費不少時間和心力，加上我原先皮膚就是屬於比較敏感的，以前月經來時，除了前兩天量多時使用衛生棉外，之後就會使用棉條，但是因為我是自然產，所以不敢使用棉條，整個人很困擾！

再來就是產後盜汗的問題，這幾乎是每個產婦都會遇到的，原因可能是要排除體內多餘的水分，幫忙消水腫吧？即使是待在冷氣房內，喝個湯、餵母乳、動一下都會流汗，只是坐月子期間又不能肆無忌憚地一流汗就洗澡，有時候甚至會聞到自己身上的汗臭味，實在是相當不舒服。

睡眠不足

是的！每天都睡不飽。為了要有足夠的母乳，無論是親自餵奶或是擠出來，都需要固定時間哺乳或擠奶，睡眠時間也就變得斷斷續續。再加上用餐、清潔身體、訪客來探視……等瑣碎的事情，只能抓緊片段的時間睡覺，所以這種一直掛著黑眼圈的生活，恐怕就是新手媽媽的寫照了。

洗澡、換尿布

要幫全身軟綿綿的嬰兒洗澡、換尿布，是一件很「搞剛」的事情，生怕動作太粗魯弄傷了寶寶，又怕沒抓好寶寶，害他滑進澡盆裡喝水。換尿布時怎樣才能包得好、動作又快，同時還能擦乾淨屁屁？……這些看別人做得很順手的動作，輪到自己上場，就是會手忙腳亂，搞得滿身大汗。

好在，坐月子中心的媽媽教室或長輩都會細心地教導我一些技巧，不然光是忙這些瑣事，怎麼還有辦法休息呢？胖子、我的婆婆、媽媽，也會幫胖nana洗澡，所以我很少有機會幫小孩洗澡，直到胖nana一歲多，我才幫他洗到澡，真的算是很好命了！

洗澡這件事，我強烈建議可以交給爸爸來做！通常爸爸都是比較忙的，洗澡的時間能讓他們跟小孩獨處，可以增加「我是爸爸」的存在感，也可以培養跟小孩的親子關係。再來最重要的就是，男生比較有力，抓小孩洗澡更容易，媽媽也可以少做一件事，爭取一些喘息的時間。當爸爸在浴室幫小孩洗澡的時候，媽媽就坐在客廳看電視吧！偷到的一些時間會讓妳心情很愉悅喔！等小孩長大一點，聽到父子或父女一邊洗澡一邊唱歌，也會感到很幸福！最重要的一點就是，不要爸爸在幫寶寶洗澡，媽媽一直在旁邊很緊張地指導，畢竟這也是他的小孩，就放心交給他吧！不要搞得大家壓力都很大。

取名字

產後還有一項也要花很多心思的事情，那就是取名字了！生第一胎的時候，我跟胖子還取名取到吵架！哈哈～

如果你們家是不用算命，可以選自己喜歡的字的話，那麼恭喜你！省掉一個大麻煩！如果要找老師的話，我強烈建議只能找一個！像我生老大的時候因為第一個老師取的我們不喜歡，又找了第二個老師！結果兩個老師派系不同，一個是姓名學，另一個是看八字那種，結果同樣的筆劃數，一個說大吉，一個說大凶！最後我們選定一個派系，但是老師給的名字我們卻不喜歡。

胖子姓周，老師說對他最好的名字是「楚弘」。喂！是要我兒子被取笑「鍾楚紅」嗎？老師說等他長大後就沒人知道鍾楚紅是誰了，但我才不要咧！每次介紹兒子就要先被笑至少十年！

然後我爸爸也跟我說，不要全相信老師的話，這樣取出來的名字少了一點爸媽對孩子的期待。所以，後來我要了筆劃，自己直接翻字典找喜歡的字，而等幫水晶取名字時，我找了同一位老師，但最後決定的名字字義也是我們喜歡的。

這邊也想跟各位爸爸媽媽說，我覺得小孩的名字取自己喜歡的比較重要！算一下只是參考，誰會真的因為名字而改變命運呢？

找回懷孕前的魔鬼身材

雖然小人兒已經從肚子裡出來了，但我身上仍然有著彷彿懷孕五個月的臃腫體態，肚皮鬆垮的樣子活像是阿嬤的皮膚，另外再加上黑色素沉澱的斑斑點點，每天看到就是會讓人感到心情很差，而且還要大半年才會恢復，著實嚴重影響新手媽咪產後的情緒啊！

第一胎懷孕時，我不斷地以「養胎之名」作為大吃大喝的藉口，以至於整整胖了二十公斤！奉勸孕婦們澱粉類食物少碰為妙！生第一胎時我超愛吃饅頭加起司、花生醬，然後就變成肥臉大嬸了（哭）！生第二胎時才控制飲食，盡量少吃澱粉類的食物，以達到「只胖寶寶、盡量不要胖到自己」的目的，所以只胖了十三公斤。

至於瘦身方式，我不是專業的減肥專家，只是採取了幾個適合自己的目標式管理方法，讓自己在產後四個月內恢復到原來的身材。我有一個妙招，就是集中精神，早中晚各唸十次「老娘就是要瘦！」這句話。

減肥最重要的是意志力，沒達到目標前，千萬不要對自己仁慈，也不要相信什麼慢慢減就會瘦之類的鬼話，因為人有怠惰的習慣，不趁早消滅過多的身體脂肪，等習慣之後，就擺脫不了了！

月子期間的瘦身法

1. 束腹帶、瘦身霜

束腹帶以沒有彈性的綁帶綁腹帶，外加有彈性的束腹帶，一內一外綁在肚皮上。除了睡覺時會拆掉，其餘時間我都乖乖綁在身上，連綁了三十天，成功縮回鬆弛的肚皮。而且，綁束腹帶之前，我還會塗抹瘦身霜來加強效果。

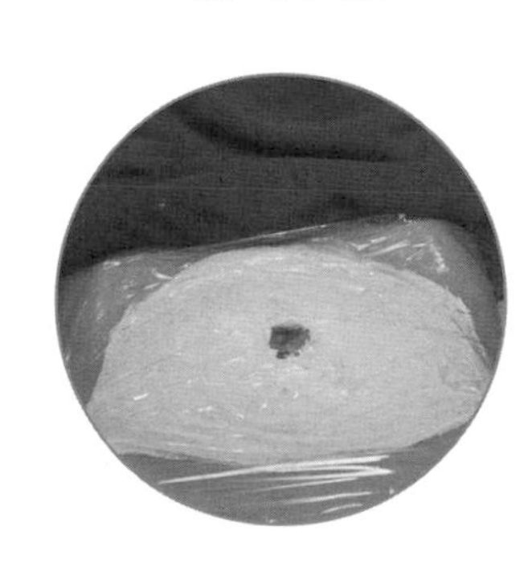

2. 連喝紅豆水七天

這個方法對消水腫很有效，我在月子期間每天都喝上一杯，消水腫超快的，幾乎是以「一天掉一公斤」的速度，排除掉體內多餘堆積的水分。

3.注意飲食

坐月子時因為還要調養身體，也要餵母奶，所以不能亂節食。我採取不吃澱粉類，只吃青菜、肉類、水果、湯湯水水……這些食物，來幫助減輕體重。每一餐除了米飯、麵類吃幾口外，其他食物我都吃得乾乾淨淨，而且盡量準時用餐。

坐月子結束的瘦身法

到了坐月子結束，我的減肥目標就改成「消滅脂肪意志力堅持賽」。這個階段維持了三個月，我的體重就回復到比生產前還輕一公斤的狀態。當然，因為我懷孕時實在胖太多，所以這時就會用不花錢和花錢兩種方式，來加速達到瘦身的目標。

1.不花錢的方法

在側躺餵奶時，我會把握時間順便做瘦大腿的運動。方法為，固定將一邊的腿抬高到四十五度，這樣換邊來回運動大腿，少說也要十幾分鐘到二十分鐘，真的瘦很快呢！

而陪寶寶睡覺時，我也會利用時間，平躺在床上，將雙腿併攏抬高，維持幾秒不動，這樣就能感覺到腹部在用力，一直到小腹覺得痠才慢慢放下來。時間上不限定要持續多久，但只要每次固定做幾下，慢慢都可以看到功效。

生產

2.花錢的方法

局部減肥：

可以去美容中心局部減肥，主要針對消除水腫、放鬆肌肉、代謝脂肪、加強循環代謝等這些功效。針對妳想要瘦的部位，先用儀器把脂肪打碎，再將脂肪打細，緊接著再補充塑型效果。我覺得打起來滿痛的，但為了瘦下來，只能忍耐了！

SPA：

在SPA中心的紅外線艙做三溫暖，會讓妳大量排汗，將多餘皮下脂肪隨著水分一起排出分解，促進新陳代謝，達到像運動一樣的效果。躺著可以一邊出汗、一邊補眠，對於疲勞的新手媽媽來說是很難得的。由於我是懶人個性，所以選擇這樣的產後瘦身方式。

以上這兩項費用，一次約一千四百元，如果和一套五萬的塑身內衣相比，等於可利用三十五次。其實要瘦十公斤的話，也不需要到三十五次才會見效。雖然塑身內衣可以一直穿，但如果穿不住，豈不是白白浪費錢？還要被老公唸到臭頭……

局部減肥&紅外線艙資訊：https://www.facebook.com/switer177

肚皮美白：

其實這是懷孕的痕跡，生完之後就跟孕斑一樣會自然淡

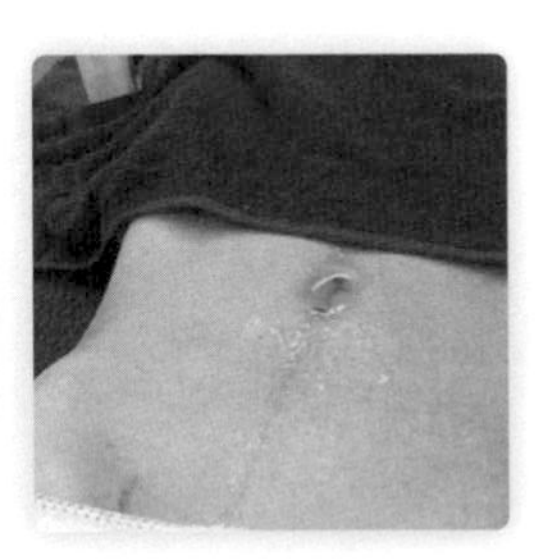

掉，但如果比較等不及、受不了瑕疵的媽媽，也可以做肚皮美白的課程。

肚皮美白課程資訊：https://www.facebook.com/switer177?fref=ts

塑身衣：

有了第一胎的經驗，我對生完第二胎的產後瘦身，完全是老神在在，反正就是意志力問題，要瘦回原本生產前的體重，一點都不難！但後來我發現，即使體重下降了，腰部贅肉依然存在，穿緊身衣服或牛仔褲還會更明顯，這才驚覺到不是瘦就好，還要塑型。終於在產後兩個月，我去試穿了以前很不喜歡的塑身衣。因為印象中的塑身衣總是給人很緊、很不舒服的感覺，加上自己也沒什麼耐性，不用想就知道，到時候一定是落得白白浪費錢的下場。

但是第二胎生產完，身材走山還真不是開玩笑的！所以我抱著試試看的心情去嘗試，走進店內時還心想：「萬一試穿得不舒服，就還是回家靠自己想辦法消除腰間贅肉好了。」

沒想到穿起來需要費點力的瑪芮娜塑身衣，穿上身後不覺得緊繃，行動起來還挺舒服的。最重要的是，真的有雕塑到我的身材曲線啦！在多方打聽之下，才知道這是來自美國的品牌，原本是研發生產醫療等級的手術後專業壓力塑身衣，後來才利用這樣的技術和特殊布料生產塑身衣，連睡覺都能穿，難怪穿起來比一般塑身衣來得透氣和舒適。

我要大大推薦瑪芮娜塑身衣旗下的三款單品：「九分高腰提臀塑身褲／顯瘦機能內搭褲」、「腹部加強美體塑身衣」、「腹部加強七分排扣美體衣」。

「九分高腰提臀塑身褲／顯瘦機能內搭褲」，我選高腰款是因為可以同時雕塑腰身、腹部和臀部，穿起來超級顯瘦，平常還可以當內搭褲穿。「腹部加強美體塑身衣」是針對腰間贅肉，讓腰身變成S型，有夠神奇的！加上肩帶可以拆的貼心設計，穿露肩上衣也可以搭配。而「腹部加強七分排

扣美體衣」能改善抱小孩造成的手臂和後背變得粗壯的問題，讓上半身變得好纖細喔！在家套上褲子也能當家居服穿，更棒的是材質很好，還有抗菌防螨效果，抱著小孩也不怕摩擦到他們的嫩臉。

經過親身體驗後，我破除了對塑身衣的刻板印象，推薦給想擁有曼妙身材，卻又很擔心穿塑身衣又累又不舒服的媽媽們！重點是……它們家價錢還算可愛，比起那種一套萬把塊的塑身衣親民很多。

瑪芮娜塑身衣：http://www.smarena.com.tw

除了以上這些具體的瘦身方式，我還訂了一個逼死自己、非瘦不可的目標，那就是選定時間，去一個「必須展露身材」的地方玩。我生完第一胎後去長灘島，生完第二胎後去帛琉，看我有多想逼死自己！因為穿得少，就非讓自己瘦下來不可，加上沒事多穿緊身衣、緊身牛仔褲，逼自己認真地減肥，就可以早日達成目標！在我的精打細算努力之下，胖nana滿四個月的時候，我終於恢復了產前的苗條身材了！水晶晶時更快，兩個月就體重歸位了（撒花～）

Chapter

THREE

聰明育兒妙方

親子溝通

胖nana出生後，我們之間的相處並沒有上演什麼母子連心的戲碼。因為即使是自己的寶貝，接觸剛出生的小嬰兒時，真的會很不熟悉，要慢慢觀察了解他的行為舉止，才能知道現在的哭聲代表什麼意思？剛剛那個外星話是代表什麼？需要磨合期來熟悉彼此，漸漸地才會抓到和他相處的訣竅。

百歲育兒VS親密育兒

這兩個派別的育兒方式都各有擁護者，老實說，我兩胎都用上了！生第一胎胖nana時，愛什麼時候睡覺都隨便他，反正我也不是很愛睡覺，和他耗著也沒關係，所以沒有刻意調整他的作息時間，喝奶和睡覺都是順其自然，需要的時候就滿足他，比較偏向親密育兒派所提倡的做法。

到了第二胎水晶晶出生後，麻煩就來了！胖nana每天都固定晚上九、十點睡覺，隔天早上七、八點起床；而水晶晶卻是每天晚上眼睛都睜得大大的，到了快天亮五、六點左右才睡覺（大哭）！

一個剛睡、一個正要起床，我真的有快被逼死的感覺，所以我開始訓練調整水晶晶的正常作息，重點方法如下：

固定喝奶時間

我的做法不再是水晶晶肚子餓就餵她喝奶，而是改成固定三到四小時喝一次奶。如果時間不到她就哭著要喝奶，我就逗她玩轉移注意力；如果喝到一半睡著，我也會和她說，要等下一餐時間到才能再喝（希望她聽得懂……）。

製造白天、黑夜的差別

晚上睡覺時營造四周全暗或很暗的環境，使室內保持安靜的狀態；白天則是讓日光充足明亮，開電視或放音樂，讓環境吵鬧一點，讓水晶晶有白天和晚上的區別感受。之前我都會趁她睡著開著書桌燈做事，現在也都調整到房間外去處理事情。然後，只要她一起床，我就會抱著她去房間外頭，讓哥哥陪她或和她玩。

白天睡覺不超過兩小時

無論如何，白天就是不能讓水晶晶一次睡眠時間超過兩小時。如果喝完奶睡著，時間差不多快到兩小時，我就會去鬧她，換尿布、摸她腳底、用毛巾擦臉……等等，所有招式全都使出來。

睡前哭鬧不理會

晚上睡前，將水晶晶餵飽、換好尿布後，我就會把燈關掉，讓房間變暗，然後離開房間。當她哭鬧的時候，我不會進房間去看，只會觀察她的哭聲，因為我知道只要有人安撫，她會哭得更久。

通常是等到她沒聲音時，我才會進去看看她是否睡著了，還是有什麼狀況？一般來說，她會哭十五到二十分鐘後睡著。

如果她發出的聲音和平常的哭法不同，我也會仔細查看，是不是尿布濕了？還是睡前嗝沒打完？

觀察自己小孩的哭聲究竟要表達什麼，那要靠媽媽的細心和用心去了解。加上我不太怕小孩哭，完全可以左耳進、右耳出，心情不會因此感到煩躁，所以還滿能冷靜地觀察和處理水晶晶睡前哭鬧這件事。

這樣調整了四天後，水晶晶就恢復了正常的作息，我也能提早脫離熊貓眼的生活。而這樣調整訓練作息的方法，就比較偏向「百歲醫生」的做法。

因為兩種育兒法我都嘗試過，效果也都很好，所以沒有什麼好比較的，應該是看怎麼做會讓爸爸和媽媽感覺舒適自在，然後針對自己需要的生活型態去決定。

當然，每個孩子的個性特質都不同，最重要的還是針對寶寶個別的狀況，靈活地變通處理，如果一板一眼地照本宣科，那樣反而過於僵化。每個家庭和寶寶都是不同的，像胖nana可以大便後還繼續睡覺，但水晶晶則是只要尿布一濕就會大哭，真的需要花時間去理解小孩的哭點和不開心的地方，才有辦法對症下藥，一一處理。

媽媽快樂了，才有快樂的寶寶

新手媽媽常常會吸引很多親朋好友的關心，如果是職業婦女還得兼顧工作，遇到如雪片般飛來的建議，就很讓人頭痛。我在育兒方面，一向會多方面收集育兒資訊情報、聽聽前輩和長輩的建議，然後閱讀一些育兒書，但是最後還是會依照自己的育兒觀點和寶寶的狀況，找出適合我和寶寶的相處之道。

就像很多人都說，剛出生的嬰兒不要常常帶出門，但我和胖子偏偏就是愛在外面走跳玩耍的夫妻檔，我們認為如果準備得宜，為什麼不能帶著寶寶一起出門遊玩呢？從胖nana很小的時候，我們就帶著他到處遊山玩水，也從沒有發生過什麼大問題啊！

我不會太在意旁人眼中的媽媽角色是什麼樣子，反而是傾向歐美媽媽任由孩子自由發展的教養方式，和孩子互動。

我希望依照自己的想法來帶領孩子理解這個世界，因為如果太注重別人的眼光或想法，做事綁手綁腳的，反而會無所適從，讓自己的日子過得很鬱悶。

老話一句：「沒有快樂的媽媽，又怎麼會有快樂的寶寶呢？」

育兒

寶寶的健康好吃副食品

胖nana的副食品幾乎都不是出自我手，畢竟我知道自己不是煮菜的那塊料，但既然這樣，也就不要強迫自己去做不擅長的事情。

胖nana的副食品，大多是奶奶和外婆料理的。

如果是由長輩來負責孩子的副食品製作，我的觀念就是：既然請人家幫忙了，就不要在旁邊意見多多。畢竟換作是自己，也不希望在幫忙別人的時候，還要被指使著，應該這樣做、那樣做……這種綁手綁腳的感覺很不好！所以，只要以不要太鹹、不要太甜為基準，將容易誘發過敏的食物、適合寶寶生長階段的營養食物交代清楚，其他的就不用小心翼翼地一直盤問。

當然也有聽朋友說過，一些婆婆、媽媽會餵食寶寶不該吃的東西，如果妳也有這樣的困擾，小蜜會建議：如果是婆婆餵食，最好是請老公去溝通，用比較不經意的方式提醒，比方說藉由新聞或其他親友的經歷來點到為止，這樣可以減少因為寶寶飲食問題所造成的摩擦。

如果妳確定自己的資訊是對的，譬如說喝母奶的寶寶不用喝水，但長輩堅持，那就打預防針時請長輩「幫忙」陪著一起去，然後當場問醫生。通常長輩都比較相信醫生說的話，醫生說一句比妳說到嘴破還有用！（記得找母乳支持醫生，不然得到的答案可能會讓妳很囧～）

等到胖nana可以和大人吃一樣東西的時候，我們在吃的東西都會分一杯羹給他，讓他嚐一點點味道。不過，巧克力、可樂、紅茶……這些含有咖啡因，容易引起亢奮或影響發育的零食、飲料，就會明確禁止他接觸。

另外像小孩專用的米餅、餅乾等東西，我們只會在出去玩的時候讓他吃，在家就不會提供，這是希望他以正餐為主，養成良好的進食習慣。

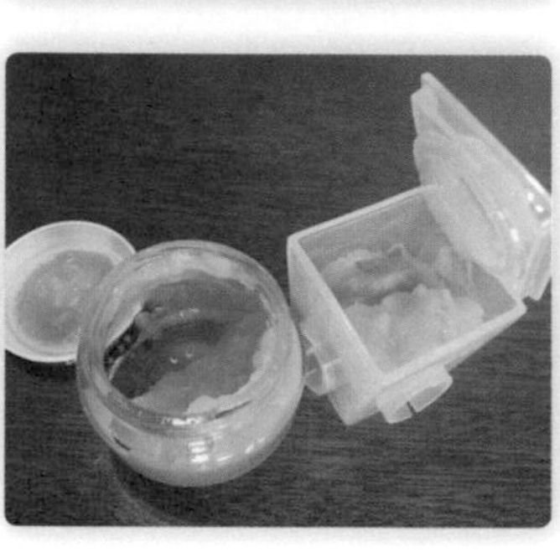

Chapter

FOUR

拎著小人看世界

幫孩子累積里程數

我和老公胖子都很愛到處玩，也希望可以帶著孩子一起分享美好的回憶，所以一開始我們就沒打算因為小孩到來，而減少出門遊玩的次數。而且，想到要和寶寶分離那麼多天，也會很想念和捨不得，帶著孩子一起出門就是兩全其美的方法。

很多人會覺得，帶年紀太小的孩子出去玩，他們又不會有記憶，但我覺得重要的是我們和孩子在一起的回憶。我不期待他將來記得這些事，只知道和孩子合照的那些照片，對我來說，都是獨一無二的畫面。等到孩子長大獨立之後，有了自己的生活，再拿出這些充滿回憶的照片來緬懷，那是多麼珍貴的經驗！

至於帶太小的孩子出去玩，會不會受苦？我覺得是大人們想太多！胖nana從出生開始就跟著我一起行動，有時候工作帶著他，朋友慶生、參加婚禮、出門逛街……也帶著他，我和胖子笑說他是累積里程數第一名的小孩。

說真的，小嬰兒只要有奶喝，該準備的生活用品都有備齊，適應能力可是很強的，千萬不要小看他們！

我認為，帶著寶寶四處走走，體驗這個世界，比任何的教育方式還有用。與其買書本或在家裡看教育性卡通，不如讓他親自去接觸，對孩子來說會有更深刻的印象。

我帶胖nana出國去逛動物園，親自讓他看到老虎長這樣、大象長這樣，他所理解的和記憶的東西，絕對比從故事書裡看到的多，玩一趟回來的成長真是驚人！這也是我喜歡帶孩子到處玩的原因。

但是，如果夫妻倆不常出去玩，只想要放鬆地休息度假，那麼寶寶還是別帶出國比較好，因為帶寶寶出去玩必須有個體認，那就是一定很累！這種累就要看大家的價值觀了，如果覺得是值得的，那麼就不會覺得不爽；要是沒有這樣的體認，那就很難享受全家一起出遊的樂趣了。

二〇一三年，家裡多了一個水晶晶之後，一家人的移動變得比較困難，出門時帶的東西也變多了！但我還是堅持要去哪裡，都要全家一起行動。

我不太喜歡只帶老大或是只帶老二，這樣看照片時對我來說會是個遺憾。當然，兩個都帶對爸爸媽媽來說是更累的，但我很樂在其中！

因為兩個小孩出遊的步調不相同，所以我會花一些時間，單獨帶水晶晶在國內走走，試試水溫，趁機觀察她外出的習性，試過之後再帶老大胖nana一起去。

我覺得一家人在一起，互相配合，也可以讓小孩知道我們就是一家人，不會有時候少了誰！

像過年前我就首度挑戰一家四口出國去，不只對我們來說是挑戰，對胖nana來說，成長更多！因為他沿途幫了我很多忙喔！哈～

帶著baby趴趴走的方法

帶著小朋友，要怎麼選擇玩耍的地點？

一開始，我建議先從國內短期旅行開始嘗試。台灣各地都很有棒的觀光景點和民宿，無論開車或搭車都不會太耗費時間，而且各地的母嬰親善設施也越做越好，即使餵母奶的媽媽都能很方便找到育嬰室或哺乳室。在這邊我要另外提倡一下餵母乳的方便，因為就算沒有哺乳室，一條哺乳巾也可以。

經由台灣兩天一夜或三天兩夜的行程，可以讓爸爸媽媽和寶寶有在外過夜的經驗，先試試水溫，了解寶寶在外頭過夜大致會遇到的問題，以及如何應對一些突發狀況。

如果嘗試了幾次國內短期旅行都能搞定，接下來，倘若預算足夠，那麼就可以開始考慮帶著寶寶出國玩耍，看看這個遼闊的世界了！

不過，根據我的趴趴走經驗，帶寶寶出國旅遊，有幾個重點必須提醒大家注意：

依照寶寶大小，選擇出國地點

帶六個月以內的寶寶出去玩，以先進城市為佳。這時期的寶寶身體軟綿綿的，和其他人也不太有互動，所以選擇可以推嬰兒車自由行動的先進城市，像是香港、日本、韓國、新加坡……等等，會方便很多。另外，先進城市的環境衛生比較乾淨，就算寶寶突然身體不適，也有良好的醫療設施可以提供幫助。

六個月以上的寶寶，大多會爬、會玩了，可以帶著他一起去海島型國家曬太陽、游泳、玩沙子，讓寶寶多體驗大自然。

氣候問題

太冷或太熱的國家，都不適合作為剛開始帶寶寶出國的選擇。畢竟溫差過大還是有可能造成寶寶身體不舒服、生病哭鬧這些狀況發生，所以還是選擇附近的國家，氣候、溫度接近，會比較保險。

飛行時間長短

盡量別挑距離太遠的國家。倘若搭乘飛機的時間太久，萬一寶寶在飛機上哭鬧，可沒那麼容易停止的。像我們家的胖nana就是這種咖，而且還得抱起來到處走走才能安撫他，偏偏飛機也只有小小走道能走動，只能讓他自己哭到累，這樣不但累了小孩，也累了爸爸媽媽和飛機上的乘客。

我們第一次帶小孩出國玩的地方是香港，先飛短短一小時來試試水溫；第二次

飛長灘島，也是兩個多小時，加上車程兩個多小時，但因為途中有轉換休息時間，所以都沒問題。

盡量自由行

以我個人的經驗來說，帶寶寶出國，自由行最適合了！因為寶寶根本不受控制，想睡就睡、想哭就哭，不太會走的小孩常常硬要大人抱著，如果還要配合其他團員，根本就像帶了顆未爆彈一起出門一樣。

例如，約好三點搭車出發，他偏偏在兩點五十分大了便，清潔完畢肯定超過集合時間。然後，吃飯時間哭著要人抱著安撫，只顧著哄小孩而自己餓肚子……這些都是跟團不方便的問題。自由行會方便很多，想睡、想哭、想大便都ＯＫ，最適合愛胡鬧的寶寶了！

出國需知及清單

帶寶寶出國其實不用想得那麼複雜和麻煩，只要準備好這些物品，就可以和寶寶一起開心旅遊去了。

1. 護照

寶寶辦護照和大人一樣簡單。準備好和身分證格式相同的兩張彩色照片、交出戶口名簿正本＆影本或是三個月內申請的戶籍謄本、爸爸或媽媽監護人的身分證正本、申請表格以及申請費用九百元。

至於申請表格下載、填寫範例和名字中翻英對照，上外交部網站都可以找得到！可以先填好之後，再帶著嬰兒本人去外交部辦理（嬰兒必須到現場），這樣辦理會比較快。如果不方便帶寶寶到現場辦，就要帶寶寶先到戶政機關辦理人別確認。

2.衣服

我準備寶寶出國衣服的方式，是以遊玩天數×2的件數來計算（包含口水巾也會多帶），因為吐奶、流口水、吃副食品弄髒……這些狀況都可能會發生，多準備總比臨時沒有衣服替換來得好。

即使是夏天，我都會準備長袖衣服，有可能因為冷氣空調、或氣候變化，臨時需要幫寶寶保暖，有備無患。

3.食物

如果餵母奶，頂多就是帶著餵奶巾。如果是配方奶的寶寶，我推薦Playtex拋棄式奶瓶，內裝可以用完即丟，不需要另外帶奶瓶清潔劑，奶嘴只要用滾燙熱水消毒就好，非常方便。

我是餵母奶的媽媽，但到海島國家餵奶不是很方便，又熱又黏又有砂，寶寶吃了不見得乾淨，所以還是會準備奶粉帶過去，這樣在外面只要借熱水沖泡就能搞定。

副食品就以市面上的罐頭副食品為主，根據寶寶的食量和喜好來決定攜帶的數量和口味，但通常飯店早餐就會有一些白粥、香蕉……等水果，可以新鮮現做給寶寶吃也很方便！另外，像是所有寶寶都愛吃的米餅，我也會帶個兩三包，萬一餓了來不及泡奶粉可以先頂著。

最後就是喝水杯，記得帶上寶寶平常使用的喝水杯，方便隨時補充水分。

Playtex 拋棄式奶瓶購買處：http://www.pcstore.com.tw/mimibaby/M10136505.htm

哺乳巾購買處：http://www.b-baby.com.tw/

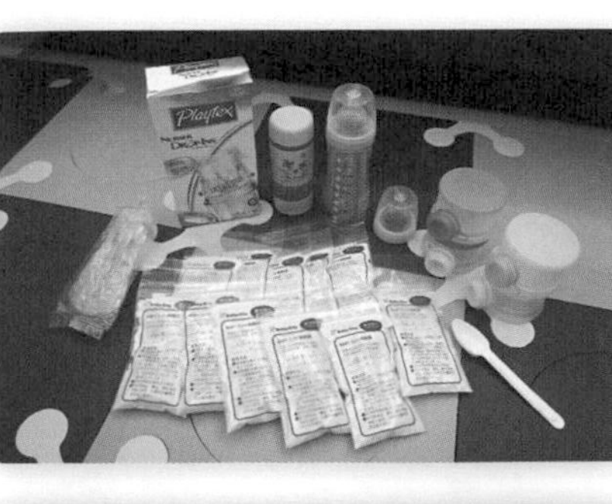

4. 玩樂用品

記得幫寶寶帶上幾項平常喜歡的玩具，如果寶寶正在長牙齒，也記得帶上固齒器。

如果到海島國家需要玩水，那麼寶寶穿的保暖泳衣就很重要，讓他可以玩水又不用擔心會冷到，泳褲部分還有防漏設計，不用擔心寶寶在游泳池或水裡嗯嗯；其他像是防曬乳液、游泳圈也是必帶物品。另外，還有紫外線防護巾或紫外線保護披風，都能夠阻隔87%的紫外線，平常也可能拿來擋風用。我還會讓胖nana坐在沙灘上，所以另外自備了野餐墊鋪在沙灘上，讓他可以盡情享受陽光。

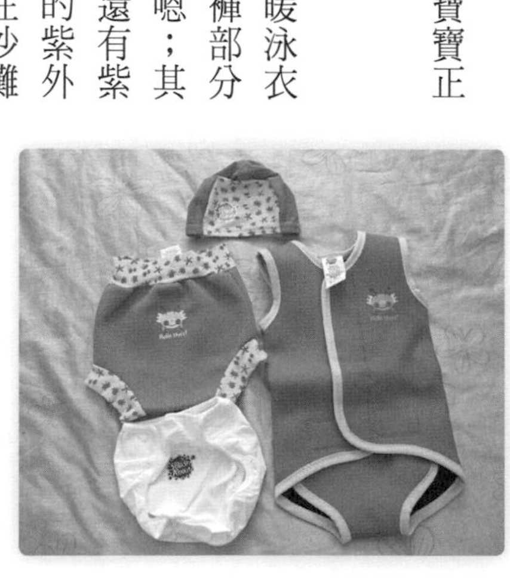

保暖泳衣購買處： http://www.pcstore.com.tw/splashabout/M11133104.htm

游泳圈購買處： http://www.pcstore.com.tw/edithbabysongyy/M09849976.htm

紫外線防曬巾購買處： http://www.hoppetta.com.tw/_chinese/01_product/01_detail.php?SID=71

紫外線防曬披風購買處：

http://www.hoppetta.com.tw/_chinese/01_product/01_detail.php?SID=72

5.日常用品

因為太愛趴趴走了，我連攜帶式澡盆都有準備！雖然也可以使用飯店的浴缸，但讓寶寶泡在浴缸很不方便，容易感冒，所以也就順道帶在身邊。另外，我也會幫胖nana帶兩條洗澡浴巾，以免來不及晾乾，還有另一條可以使用。

此外，我也會將防踢被帶在行李中，尤其飯店大多有中央空調，常常早上起來會很冷，因此只要晚上睡覺時幫胖nana套上防踢被，不用帶寶寶棉被，就可以安心地一覺睡到天明。

後來有了胖nana的訓練，第二胎帶水晶晶出門時連澡盆都不用帶，抓著就可以洗，真是有經驗有差！

6.揹巾、手推車

寶寶揹巾是一定要帶的，方便讓寶寶不離身地隨時移動。另外還有我稱它為「靠腰」的Hippychick，它能讓胖nana坐在上面，重量分散在腰部周圍，這樣抱著寶寶，行動自如，輕鬆許多。它可以用到寶寶三歲，承重量我覺得要看爸媽的承載力！畢竟還是用身體跟手的力量在撐，小孩越大就越重，腰圍在五十八到一零六公分以內都能使用。

手推車這項物品，我會看旅遊地點和行程決定要不要攜帶，像海島旅行就完全不適合；至於香港，也只有在迪士尼樂園裡好用，在馬路上行走、搭乘地鐵完全不方便，因為香港地鐵太多人了，根本擠不進去！

而且，胖nana很小的時候還會乖乖坐在推車上，等大了一點，就不想待在推車上，最後推車變成了推包包的道具，所以我還是覺得用揹的會方便些。

在這裡提醒大家，推車不算行李，可以一路推到登機門門口，讓地勤人員打包，他們會幫忙收好，到了目的地再送到登機門歸還。

7. 必備藥品

在國外，臨時要看醫生很不方便，出國前不妨先帶寶寶去醫院或診所，請醫生事先開立一些腹瀉、退燒……等常用藥品。不過，能不吃藥當然還是不吃，所以我還會準備退熱貼，以防萬一。

既然擔心發燒，就要記得帶體溫計。如果是去熱帶海島國家，我還會隨身攜帶防蚊貼片或防蚊噴霧，才不會讓胖nana的細皮嫩肉被蚊子咬出一堆包。

8. 安排嬰兒座位

另外，在搭飛機和訂房間的時候，記得告知工作人員有帶寶寶同行。通常兩歲以下的嬰兒搭飛機，只會收少許稅金，相當划算！在訂機票時如果有告知帶著嬰兒同行，可以被安排在寬敞的第一排，方便照顧寶寶，爸爸媽媽坐起來也會舒服很多。

訂飯店房間也是一樣，可以問問看飯店有沒有提供嬰兒床的服務，如果有的話，就可以讓大人和小孩睡得更安穩。

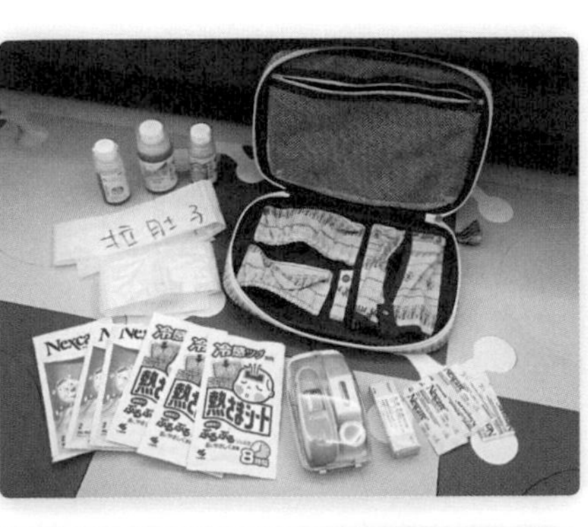

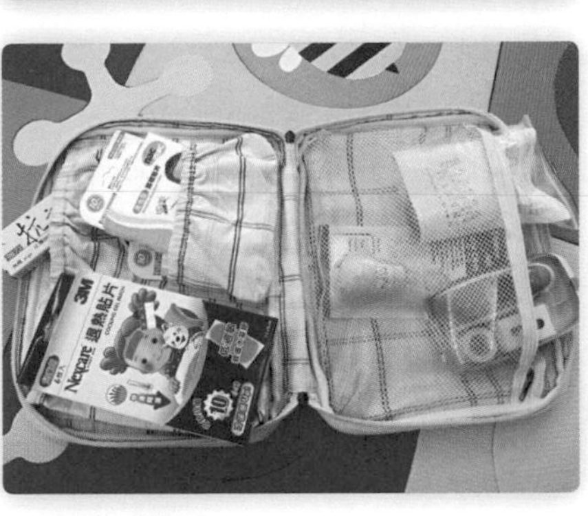

9.預留時間

因為多了兩個難以控制的寶寶，常常需要處理吃喝拉撒睡的問題，往往因此耽誤或延長時間，所以無論是出發到機場、往某個景點移動……我都習慣提早三十分鐘開始準備，才不會手忙腳亂、慌慌張張的，影響玩耍的心情。

10.耳壓問題

搭飛機一定會遇到降落時的耳壓問題，我很怕小孩不能適應引起哭鬧，但幸好這部分倒是沒太大問題，可能是因為胖nana跟水晶晶都有吃奶嘴的習慣，所以在起飛降落時，自然而然地解決了耳壓問題。如果沒有吃奶嘴習慣的寶寶，我建議可以讓他喝點水，或是吃點小米餅，透過咀嚼的過程，減少耳壓問題產生。

外出遊玩的好幫手

帶孩子出門遊玩，媽媽往往會帶一堆雜七雜八的物品，若想要保持行動輕便，這時候媽媽好物就可以派上用場了！這些都是我實際使用過後覺得不錯的實用物品，可以減少媽媽手忙腳亂的情況發生。

萬能媽媽包

Ju-Ju-Be的BFF媽媽包和Petunia Pickle Bottom的Satchel媽媽包，這兩款都是後揹設計的媽媽包，是我在胖nana會走路後就很想要的包款。因為要彎腰抓住爆衝亂跑的小孩，就需要後揹包，才不會讓包包掉來掉去，搞得自己狼狽得要死。

Ju-Ju-Be在美國是很有名的媽媽包品牌，有「最聰明的媽媽包」之稱。包包的設計細節都有巧思，像是拉鍊上有水鑽、隨處都可見到品牌logo……這類的設計，加上收納的機能性很棒，行動時也可以讓雙手空出抓住小孩，是我個人很喜歡的一款後揹包。

Petunia Pickle Bottom簡稱PPB，也是美國品牌，我購入的是Satchel系列，可以後揹、肩揹兩用，揹帶夠長的設計，讓爸爸也能使用。包包總共有三層，設計了很多收納袋，很方便媽媽收納嬰兒用品。

我的使用方式是：外出時間久，需要帶很多東西的大容量揹包，就挑Ju-Ju-Be 的BFF媽媽包；定點、短時間，不需要揹一大包嬰兒用品，就挑Petunia Pickle Bottom的媽媽包。

Ju-Ju-Be出國專用萬用收納包一共有三層，方便分散放嬰兒用品，可以把東西固定好，避免凌亂。拉鍊大開口加防漏側邊，更是讓媽媽可以放心地找東西，不用擔心雜七雜八的小物掉出來。

此外，它的容量超大，可以放入尿布、奶瓶、水瓶、奶粉、寶寶零食、玩具、藥品、小毛巾、餐具、換洗衣物、濕紙巾……這些妳想得到的寶寶用品都能收納進去。然後，媽媽也能放上自己的太陽眼鏡、手機、保養品、錢包、旅遊指南……等物品，功能真的相當強大，我每次出國都會用它來完成打包大事。

此外，它還貼心附送記憶材質軟墊的尿布墊，寶寶躺上去超舒服的！

Ju-Ju-Be 官網：http://ju-ju-be.com/

時尚飛遜媽媽包

除了機能佳外，還要有時尚的外觀，可以搭配衣服，那是我一直在找的媽媽包款式，後來我找到了Timi & Leslie Diaper Bag。這款媽媽包看起來就像一般女生用的包包……對！我就是要那種看起來沒有媽媽味的美麗包包！而好萊塢女星潔西卡・艾芭、妮可・基嫚跟辛蒂・克勞馥，都是這個牌子的愛用者。

我入手的是Dawn、Casey、Charlie系列，包包裡設計了很多收納空間，尿布、奶嘴、奶瓶、玩具、圍兜、衣物、紙巾、水杯……等物品，都可以分門別類放進去，不用擔心抱著孩子還要手忙腳亂地翻找東西。同時，還貼心附有尿布墊、錢包、收納袋、奶瓶保濕袋、長揹帶、嬰兒車掛帶等用品。不過Charlie不太適合台灣媽媽，因為很大！包包本身也重！

最棒的是，本來以為這款媽媽包的價格應該頗貴，沒想到超級經濟實惠，五千元有找，和名牌包比起來，真是太划算了。

Timi & Leslie 官網：http://www.shoptimiandleslie.com/index.aspx

跑跳走動必備

Hippychick 威力帶

這個朋友送的神奇好物，我都稱呼它為：靠腰。這好物寶寶三歲內都適用，承重量為二十公斤以下，腰圍尺寸在五十八到一百零六公分，一般爸爸媽媽都能使用。它的外觀看起來很像霹靂腰包，但上半部的平板可以讓寶寶坐在上面，光用單手就能控制他，而且重量都分散在腰部周圍，所以媽媽根本不用怕小孩抱久了，會出現虎背熊腰。無論是小孩睡覺、外出逛街、餵奶……都可以使用。

它的使用方式也和霹靂腰包很像，先深吸一口氣綁在身上，越緊越能支撐寶寶的重量；太鬆的話，加上寶寶的重量，腰帶就會垂下來。靠在身體的部分是軟泡棉，即使緊貼身體也完全沒有不舒服的感覺。每次外出大家都很驚訝胖nana可以這樣坐在靠腰上，不僅小孩開心，省不少力氣的老娘也很開心。

現在還有推出升級版，坐墊多了防滑設計。

Hippychick **威力帶購買處**：http://www.pcstore.com.tw/edithbabysongyy/S684745.htm

BECO 揹巾

胖nana還在肚子裡時我就買了當時很火紅的BabyBjorn準備著！據說好來塢明星人手一條，結果實際使用後，胖nana才三個月大，我跟我老公的肩頸都要炸裂了，真的很不好用！

後來入手的是傳聞「揹上去完全無感」的ERGO Baby，這款真的好用！但美中不足的是它體積大不方便收，加上他不能往前看，而且因為它的揹扣在後面，筋骨比較硬的人自己扣有難度！所以在生了水晶晶之後，我又入手了另外一款BECO雙子星系列，這款就完全解決掉ERGO上述的缺點！一樣是很空氣感的揹巾，重量經過設計會落在腰部，收納起來小，方便攜帶！而且交叉式扣法讓自己一個人也很好把小孩揹上身！同時也有三種揹法，可以斜揹、正揹、後揹，正面的話小孩可以朝自己也可以往前看，超完美！

ERGOBaby **空氣感揹巾購買處**：http://ruthusashop.pixnet.net/blog

BECO **雙子星系列購買處**：

http://www.ibq.com.tw/category.php?type=1&arem1=479&arem=97

Quinny Zapp 推車

因為要常常帶著孩子出去玩，所以我對嬰兒推車的要求，要有方便攜帶收納、推在爛路上輪子也很穩、具有時尚設計感這些特點。

由保時捷團隊打造，號稱「世界上能收得最小的推車」的Quinny Zapp，這台推車真的是爆紅，到處都呈現缺貨的狀態。因為它是和MaxiCosi提籃成一組的推車，平時沒事還可以單獨把提籃放在地上當搖椅使用，加上還有汽座、底座的組合搭配，家長能依照需要挑選（安全座椅有ISOFIX系統，也就是專為汽車用嬰兒／兒童安全座椅所設的標準錨固系統）。

這台推車入手後，果然不負期待，完全符合我們想要上山下海的需求，連推到石頭路上都覺得車子很穩，只會抖但不會晃動！安全座椅可以調整坐或躺的位置，小孩清醒時能坐著看風景、睡著時能躺著好好睡覺，兩用堅固的設計真是深得我心！但……缺貨太嚴重，如果想買的媽媽們，記得先打電話去問問有沒有貨，才不會白跑一趟喔！

Quinny Zapp **購買處：**

http://babybus.ynet.com.tw/front/bin/ptdetail.phtml?Part=Quinny02-20&Category=101277 以及 http://babybus.ynet.com.tw/front/bin/ptdetail.phtml?Part=8100F&Category=101283

BabyZEN YoYo 輕量型推車

這根本是推車界的RIMOWA！非常好推！推起來誇張地順！它的輪子很滑順，可以單手操控推車都沒問題，雖然推到草地之類的不平地面還是會抖抖的，但都在可接受範圍內。

它的另外一個優點是組合、拆卸都很方便，這樣要清洗坐墊就輕鬆很多。隨推車附贈的遮雨罩，我覺得比較適合用來當擋風罩。另外還有陽傘（太好笑！好假掰啊！）可以裝在車上。

和Quinny Zapp不同的是，它可以傾斜四十五度，小孩睡覺時會躺得比較舒服！而且收車也超簡單，只要一按座位下的按鈕，推車就可以收起來了！同時還附有揹帶可以揹著走，要扛上飛機、高鐵……之類的交通工具，也是絕對沒問題！由於收納空間是打通的，所以也比Quinny Zapp好放東西。

BabyZEN YoYo 購買處： http://www.songbaby.com.tw/category.php?id=117

Chapter

FIVE

孩子的教育不能等

兩寶相處之道

很多媽媽生了二寶後，都會說大寶開始有吃醋爭寵、缺少安全感導致行為退化的狀況產生，讓她們既要照顧新生兒，又要抽時間留意矯正大寶的問題，搞到心力交瘁，有夠累！但是，胖nana卻沒有這個問題，他對水晶晶很好，沒有因為多了妹妹，而出現異狀。

關於這點，我在想應該是我的應對方式讓他很有安全感。我的方式是：在懷孕時就讓他知道肚子裡住了妹妹，出生之後會多了一個同伴可以陪他玩。每天睡覺前邊做胎教邊跟胖nana說話，「妹妹要乖乖平安健康長大，將來跟胖nana一起玩！」也跟胖nana說要親妹妹，跟她說哈囉和晚安。

水晶晶出生後，我還是以胖nana為主，先滿足他的需要，比方說：兩個孩子同時哭的時候，先處理好大寶的情緒和需求，二寶先放在旁邊讓她哭一下。

水晶晶哭的時候，我會和胖nana說：「妹妹哭了怎麼辦？」、「妹妹肚子餓了，你看她是不是要喝ㄋㄟㄋㄟ？」、「妹妹是不是尿布濕了？」讓胖nana有參與感，同時也有被尊重和被重視的安全感，覺得是我和他一起照顧水晶晶，而不是水晶晶剝奪了照顧他的媽媽。當然我也會遇到胖nana撒嬌、溝通困難的時候！比如明明妹妹在哭他就偏要媽媽抱，不要讓我抱妹妹！我想這就是爸媽最為難的時刻了，但我會一直跟胖nana溝通，如果水晶晶哭得太慘，我就會一手抱妹妹、一手抱胖nana，不會把胖nana擺著，轉身去抱妹妹。

所以，只要水晶晶一哭，他就會提醒我，看妹妹是不是要喝ㄋㄟㄋㄟ或發生什麼事，也不會攻擊或欺負妹妹。還有，我覺得很重要的一點，就是不要使用言語暴力威脅老大！譬如：你不吃我就給妹妹吃！你不聽話我就只愛妹妹囉！看妹妹多乖！之類的這種威脅。其實我相信小孩都是聽得懂的，如果爸爸、媽媽常說這些話，就是一直在製造小孩跟小孩之間的對立！

由於老大胖nana其實也只是個兩歲的孩子，很多動作上面力道無法控制，像是胖nana就會在水晶晶旁邊翻啊、滾啊，做爸媽的當然會很怕他去壓到新生兒，但我的做法就是在旁邊守護跟觀察，如果他一翻差點壓到妹妹的時候，我會出手去擋，但不會語氣很緊張地斥責胖nana！

制止、責備是很多爸媽常做的事，像有一次，胖nana差點撞到妹妹，胖子就很緊張地說：「胖nana，你不要在這邊滾，會壓到水晶晶！」然後把水晶晶抱起來。我馬上就制止他，跟他說語氣不要那麼緊張，只要跟老大說：「你看剛剛有沒有要撞到妹妹了？撞到妹妹的話，妹妹會怎麼樣？是不是好痛好痛！那你小心一點好嗎？」胖nana也會有被尊重的感覺，多說幾次他就會小心了！

其實我覺得爸媽無意中的舉動，真的會傷到小孩的心靈！要常常提醒自己，老大的年紀還很小，不應該因為二寶出生，瞬間對他的要求變很高！

平常我們在家，我都會跟胖nana說：「我們一起唱歌給妹妹聽好不好？」或是

「我們三個人一起睡覺」之類的，不斷地讓他知道我們是一體的！我也會請他「幫忙」拿妹妹的尿布來換，或是拿妹妹的奶嘴來給水晶晶吃！我相信他可以幫忙，也讓他嘗試，做到了他就會很開心，很喜歡做這些事，水晶晶自然就融入了！

我也會跟他說：「媽媽有兩個寶貝，一個是胖nana，一個是水晶晶！」講幾次之後我會反問他：「媽媽有幾個寶貝？是誰跟誰？」從讓他自己講出來當中知道，「兩個都是媽媽的寶貝，媽媽都很愛！」

看兩寶這樣相處融洽，還真是滿開心的。對於即將要生二寶的媽媽，不妨參考看看，用這樣的方式來和大寶溝通。

有些家長可能會想說，這樣放著小的哭，不是很可憐嗎？我認為，如果造成老大吃醋，以後成天欺負小的才可憐！像我就有看過幾個朋友家老大趁媽媽不在時偷打弟弟、妹妹，也聽很多網友說過老大會咬二寶、搶二寶的東西之類的實例，所以與其之後演變成這樣，不如好好跟老大溝通，讓二寶自然融入比較好。

還有，我覺得有個觀念可以跟大家分享！在生胖nana時，我在書上看到過一個觀點，就是寶寶是住到我們家的，所以應該是寶寶來配合爸爸、媽媽。我很認同這個觀念，用在準備生二寶的家庭也很適合，畢竟總有個「先來後到」嘛！哈~如果大家都把眼睛放在二寶身上，那二寶就像職場上的空降部隊一樣，老大討厭他也是很正常的囉！

有些家長可能心態上會覺得，老大曾經「單獨」享有過的東西，也想讓老二「單獨」擁有！舉旅遊的例子來說，哥哥跟爸爸、媽媽一起出國好多次，爸爸、媽媽都單獨照顧他、關注他，妹妹是不是也應該要有這種「單獨」擁有的時候呢？

對我來說，老二「單獨」擁有的時間就是我們在適應帶她出遊的那段時間而已，之後就要兩個小孩一起，這才是一個家！將來水晶晶如果問我，為什麼她都很少有跟爸爸、媽媽單獨出去的照片，每次都有哥哥的話，我一定會這樣回答：「妳一生下來就有哥哥了！就跟有爸爸、媽媽一樣是很自然的事。」

體罰的意義

我不是崇尚愛的教育、不打罵的媽媽，畢竟孩子要教得好，有時還是得適當地體罰。但我不會用情緒化的發洩方式打罵，也不會二話不說就出手，讓孩子搞不清楚自己為什麼被打。而且，一定要是講很多次，或是很嚴重的事情才會動手！說真的，常打也沒用，就顯示不出這件事情的嚴重性和效果了！

孩子很聰明，有時候會再三試探爸媽的底限，此時就要明確地向他說明，讓他們了解這件事的嚴重性，哪些事絕對不可以做。譬如胖 nana 現在身高可以碰到瓦斯爐了，他好奇去玩就超危險的，或是玩窗簾線這種一不注意就會危及生命的事。

一般胖 nana 在哭鬧耍賴的時候，我會把他帶離現場。通常我會把他抓到廁所去，讓他在裡面哭（我陪著）。我會跟他說：「媽媽說哭沒有用，你冷靜下來，哭完我們才出去！你哭好了嗎？」大部分的時間我都用這招，之後他如果要耍賴、要亂鬧的時候，我就會問他：「你要去廁所嗎？」他就會說不要，也不鬧了！

如果是真的很嚴重的事情我才會動手，而且在這之前，我一定會和胖 nana 說明必須處罰他的原因；打完後，也會再跟他好好說明，並且不再碎碎唸地繼續責罵。然後我也會重複跟他確認，「媽媽是不是有說過這樣子不可以，你會受傷，有嗎？以後還可以這樣玩嗎？」得到他的回應之後就會抱抱他，繼續跟他玩，不會賭氣！至於打的部位也僅限於手、腿、有肉的屁股，這些不會造成身體傷害的區域。我覺得體罰小孩最忌諱的就是呼巴掌，完全有損一個人的尊嚴，這點一定要切記！

語氣溫和、態度堅定

很多媽媽常常都會恐嚇小孩，或是再三強調：「你再這樣，以後就絕對吧啦吧啦」之類的話語，但往往只要小孩一哭鬧或撒嬌，先前說的就全部隨風而去，久而久之，孩子自然就不會把你的話聽進去，因為他們知道你說的事情，是可以打折扣的，之後要再教導就很辛苦了。所以我和胖子堅守「說到做到」這件事，如果胖nana把玩具亂丟，我對他警告了，不收好就不准玩，而他依舊如故的話，我一定會馬上把玩具收起來，無論他怎麼哭鬧或撒嬌都不會妥協。還好，我對小孩的哭聲抵抗力超強，要求胖nana守規矩時，我的話才有影響力。

同樣的，答應胖nana的事情，我和胖子也會遵守說到做到的原則，無論是出遊、買物都一樣。這樣一來，小孩才會知道爸媽口中所說出的話語，是值得信賴的。父母的身教，會影響到孩子往後的長久人生，這是我覺得很重要的事情。

像有一次我們去馬來西亞，當天下午告訴他說，他只要做了什麼事，晚上就帶他去水族館看魚，結果……當天水族館居然沒開！為了說到做到，我們跟他溝通說因為今天水族館沒開，明天再來！也真的明天再帶他去一趟，然後跟他說「是不是答應你的事情都有做到？」除了做之外，還得要說出來才行！

至於有的無理取鬧，我就會一直不斷重複「不可以就是不可以，哭也沒有用」，我甚至可以邊聽他哭邊重複說一百次！哈～

寶寶瘋狂哭鬧怎麼辦？

寶寶年紀還小，總是會有莫名其妙亂哭一通的時候，有時候話說不清楚、沒辦法精準表達內心情緒或想要做的事情，他們就會來哭鬧這招。

還好，我對小孩哭這件事，可以充耳不聞，情緒完全不會受影響，想哭就讓他哭吧！哭完就好了。反倒是胖子，常常在寶寶哭的時候，都會一直問我：「胖nana怎麼了？水晶晶怎麼了？」

心理學家認為，孩子哭的時候，大人應該保持心平氣和，等他哭完之後再處理。因為對孩子來說，哭泣是一種情緒與能量的宣洩，也是成長的必經之路，家長越能平和地看待，他們就會越有安全感。如果一直逼迫孩子閉嘴不准哭，不想聽到孩子哭鬧的聲音，其實是一種大人對於情緒失措、無法處理的恐懼投射心理。

我相信很多媽媽看到這裡，心裡一定ＯＳ：「如果是躺在公共場合地上哭鬧耍賴，也要讓他繼續嗎？」

哈哈！這真的是媽媽們最怕的事情啊！如果是我的話，我會在第一時間帶小孩離開現場，不要造成他人困擾，然後設法轉移他的注意力，讓他停止哭泣。通常有這種習慣的小孩，都是曾經用這方法得逞過才會一用再用。所以，從小就讓孩子知道這個舉動是無效的，結果就會差很多了。

教育

如果是在家的時候，那就是練習的好時刻。像是「深呼吸、冷靜、用說的」都是我很常跟胖nana講的話。你也許會覺得對一個一歲多、兩歲的小孩講這些話很好笑，但真的很有用喔！我現在跟胖nana說：「你先深呼吸、冷靜，不要哭！用講的！媽媽聽得懂！」他真的會冷靜下來。雖然會抽搐，但至少不是亂鬧，而且他會認真地想要表達自己要說的東西給我知道，因為他知道我真的有在聽他說話。

教育孩子就是重新教育自己，這點以前聽人家說並不覺得，直到有一天胖nana叫我「走開」，我才驚覺這句話的含意！因為小孩是最會模仿的動物，他會說「走開」是因為我們常常叫他「走開」，所以從那次之後我都跟他說「借過」，然後「請、謝謝、對不起」也常常掛在嘴上，因為他們真的很會學啊！

選擇幼稚園

關於孩子的教育問題，我和胖子都不會執著於小孩需要念雙語幼稚園，或是昂貴有名的私立幼稚園，因為比起強調學習英文、能教出資優生的幼稚園，我反而是希望幼稚園能教導孩子正確的生活習慣、價值觀，以及自理能力，所以打從一開始，就以蒙特梭利教育的幼稚園為重點選項。

我和胖子都認為學業並不代表一切，畢竟我自己也沒有名校的高學歷光環啊！能夠靈活地處理各種事情、養成挫折忍受力、擁有善良正直的品行、對生命和生活抱持熱情，以及開闊的世界觀，那才是最重要的，而這些都不一定是在名校能學習到的，卻是我認為最重要的。

加上胖子本身就是一個對自己要求相當、非常、超級嚴格的人，他知道很難有人能達到自己的標準，那麼既然這樣，又何必強求自己的小孩達標，或是把自己的價值觀硬套在胖nana和水晶晶身上？只要他們健康快樂，長大以後做自己喜歡做的事情，這樣就好了。

教育

早早讓孩子自己進食

我自認不是對孩子百般呵護的媽媽，所以我會希望讓胖nana和水晶晶經由自己體驗，一步步地學會生活中所需的技能，這樣不但可以學會獨立，以後我也可以不必多操心。

我算滿早就讓胖nana自己學著吃東西的媽媽，對於剛學吃飯的小孩，一頓飯吃下來，往往耗掉N倍的用餐時間，同時還會讓嘴巴、雙手、衣服、餐桌、地板都沾滿食物，那種場景有如剛打完仗一樣恐怖，加上收拾善後又要花掉不少時間，所以很多媽媽們寧願自己動手，以求快點餵完小孩，離開戰場。

但是對我來說，我不太在意這些事情。如果擔心孩子弄髒環境，要很辛苦地清潔打掃，那麼可以把孩子帶出去外面吃，弄髒的桌面和地板就交給店家處理，同時也省去了清洗碗盤的時間。當然，無法常常外食的家長，也可以靠鋪設隔離墊、幫孩子穿上圍兜兜來維持四周的整潔。

至於雙手和嘴巴，擦洗過後就好了，真的不需要被瑣碎的清理過程給嚇到了！反正早晚都得讓孩子自己來，還不如讓他早早學會，這樣一家人出門輕鬆用餐的時間也會比較快到來，不是嗎？

在碰撞中懂得控制自己

小孩在成長過程中，跌倒、撞傷這類的事情絕對是層出不窮的，所以我沒有像大多數的媽媽一樣，在家裡裝防撞條、防拉抽屜扣環……做了層層防護，擔心小孩會有磕磕碰碰的危險。我反而覺得，如果不小心跌倒，或是調皮搗蛋撞到受傷，那他們下次就會學乖，行動時就會比之前小心謹慎。

吃飯的時候，胖nana有時會失控暴衝，因為擔心他的頭會撞到桌角，所以我就會和胖子提醒一次、兩次，但胖nana如果依舊沒聽進去，我也不會再繼續耳提面命地碎碎唸。萬一真的撞到了，在他哭或痛的時候，我會在旁邊說：「剛剛是不是提醒你了？下次還要這樣嗎？」

孩子的記憶與學習能力，絕對不容忽視！所以在不會嚴重危害到安全的範圍內，我偏向讓小孩從碰撞中摸索學習。經由這些點點滴滴的訓練，他們很快就會學習如何控制自己。

不管是在外面還是在家裡，我經常看到很多父母，在小孩跌倒或是撞到東西時會說「桌子壞壞！害你跌倒！我們打桌子」，然後教小孩一起打桌子。說真的，我都覺得這句話跟整個舉動很莫名其妙！桌子有動嗎？明明就是小孩去撞它！這種話在我們家也是不會發生的，因為我不想讓小孩從小就養成怪罪別人的個性，所以我會說「桌子在那邊沒有動！是你跑太快撞到它，要跟它說對不起。媽媽知道你很痛，但是它也很痛對不對？下次小心一點好嗎？」

就算孩子在外頭跑一跑跌倒，我也不會反應很大地馬上衝過去抱他，看有沒有受傷！反而是一副「哎呀！怎麼那麼不小心！媽媽說不要跑太快、要看路，有沒有……」這種態度跟說法，然後慢慢靠近他。現在胖nana跑步還是會跌倒，還是整個仆街的那種，但他都會自己爬起來，把手拍一拍，然後對我笑，露出好像是說「沒事沒事！我下次會注意！」的得意表情，真是讓人欣慰啊！

學會自己解決難題

平時帶胖nana出去玩，尤其是到公園去的時候，常常會遇到其他小朋友。小孩子在一起，往往很快就玩了起來，但也因為這樣，難免會有擦槍走火的狀況出現，像是互相推打、碰撞、搶遊樂設施之類的情形。這時，我會在旁邊看著胖nana自己怎麼處理。

在可控制的範圍內，我會讓胖nana自己來，並不會跳進去代替他搞定眼前的麻煩事，畢竟這是他自己和同儕之間的問題。

以後他會長大，遲早都需要自己去面對生活上會遇到的種種問題，如果總是擔心或幫他處理好一些麻煩事，就很容易養成孩子依賴與媽寶的性格。

我希望他可以培養出克服困難的勇氣，用自己的能力去解決遭遇到的難題，這樣做媽媽的也不需要到老了都還要瞎操心！

生活自理能力

胖nana還不到兩歲，已經會自己脫衣服了。我其實沒有刻意訓練他，就是自己穿脫衣服的時候，放慢動作，讓他在旁邊觀看學習，把重點步驟用邊講邊做的方式示範給他看，結果模仿力強的胖nana，久而久之就會開始想要嘗試跟著做。

過程中，如果有不對的地方，我會再示範一次給他看，耳濡目染之下，孩子的自理能力很快就會突飛猛進。

諸如此類的生活小習慣，我也都藉由孩子愛模仿大人的特性，示範給他們看，所以胖nana現在算挺厲害了，有時洗澡都會自己洗身體和沖水。所以，不要認為孩子還小，很多事都不會做，媽媽要學會相信孩子，讓他們試著做做看。嘗試成功後，孩子可愛得意的笑臉真的讓人心都融化了～而且，還可以享受親子互動的樂趣。

所以，穿衣服、穿襪子、穿鞋子、收玩具、幫忙丟小垃圾……這些事，不要搶著幫孩子先做好，給他們機會表現吧！

過度在意乾淨跟保護，孩子反而沒有抵抗力！

我本身是很沒有潔癖的人（胖子都說我是家中亂源，哈！），對於整潔消毒這種事情，我也不會要求得很嚴格，畢竟人的身體就是要有或多或少的細菌不斷攻擊，抵抗力才會好！像我曾經看過很多媽媽，只要出門就一直交代小孩說，這不要碰、那不要碰，很髒！小孩碰到什麼就一直擦手，擦到我都覺得有這麼髒嗎？實在有點誇張！

說真的，我覺得這樣反而讓小朋友的抵抗力變弱，因為保護得太好，都沒有接觸，反而沒有抗體；又或者冬天帶水晶晶出門，就會有媽媽說：「這麼冷，不會感冒嗎？」哈！我覺得早點接觸很好啊！衣服穿得夠暖，帽子戴一下，誰說冬天不能出門呢？

再來就是很多人很介意寵物跟小孩一起生活這件事！甚至有的人因為小孩而把狗送走！仔細想想，真的有這個必要嗎？我媽媽家養了五隻狗，我婆婆家也有一隻，所以我不會特別去隔離狗跟小孩。很多人說狗身上有細菌，或是狗毛會過敏，但是家裡養的狗難道都不洗澡嗎？小時候我們家沒養狗，我也是過敏得很嚴重啊！反而現在家裡有很多狗毛，胖nana跟水晶晶卻都沒有過敏跡象。

當然，狗狗嘴巴裡有些細菌，大人要注意，不要讓牠們去舔小孩的嘴巴！至於

摸狗跟狗玩，吃東西之前洗洗手就好！比起細菌的話，我覺得被狗咬的安全性反而比較是我在意的點。以胖nana跟我們家狗狗的相處來看，我覺得家裡有養狗對寶寶而言反而是多了一個玩伴！像胖nana還在爬行階段的時候，就跟我們家的狗一起爬、一起成長，我覺得養寵物反而順便可以培養小孩照顧、愛護及尊重的心態！因為小小孩是不會控制力道的，所以就要不斷地跟他說：「這樣太用力了，狗狗會痛！」然後小心看著，不要讓狗突然抓狂咬他！

我相信小孩跟毛小孩是可以相處得很好的，至於說到尊重，其實有養狗的人對狗的愛護不會亞於對小孩，像胖nana有時候因為我們家的狗想跟他玩，一直弄他，他就會生氣地動手去打狗，這時我跟胖子就會跟胖nana說：「不可以打狗狗，狗狗會痛！你打牠的話媽媽會生氣！」藉此教育小孩對生命的尊重。

戒奶嘴戰爭

奶嘴這玩意兒，給不給吃有很多說法和看法，一開始我也很猶豫，到底要不要給小孩吃？但是經歷過親自餵母奶後，我雖然很喜歡這種和寶寶親密互動的感覺，但不想把自己的胸部當作安撫奶嘴（很怕變形啊……），再加上寶寶之後會偶爾託給婆婆、媽媽帶，若有個奶嘴提供安全感的安撫作用，也可以讓她們帶起來比較輕鬆，所以就決定讓他們吃奶嘴。

既然吃了奶嘴，就會經歷戒奶嘴的挑戰期。隨著胖nana越來越大，我和胖子越看他的奶嘴越擔心，因為他很依賴奶嘴，常常一拿掉奶嘴就會哇哇大哭。此外，我們也擔心一直吃奶嘴會讓他不愛說話、懶得說話，而且又到了長牙階段，擔心影響牙床咬合，所以決定戒掉胖nana的奶嘴。

一開始，先從白天禁止吃奶嘴開始，他的話漸漸變多了，但到要睡覺時會小小鬧一下，睡得比較短。到了晚上要睡覺時，發現沒奶嘴吃就開始大哭，哭了將近一小時，我還是心軟地把奶嘴還給他，瞬間馬上就能安睡。

隔天起床，我把奶嘴拿掉，同時告訴他：「白天不能吃嘴嘴囉！」結果狀況比前一天好。而當天晚上要睡覺時，我以為又要大戰一番，沒想到胖nana是個很好說話的認命孩子，只有滾一滾、哭不到十分鐘就睡著了，但睡得很不安穩，有時會大哭，因此要斷斷續續地安撫他。

第三天，白天他還是會有摸嘴巴、找東西的動作，但已經不太哭鬧了。到了第四天，胖nana的世界就像從來沒有奶嘴一樣，晚上睡覺翻滾幾下就睡著了，只能說小孩的適應力好快啊！

以上是我幫胖nana戒奶嘴的經驗談，希望可以幫助想讓家中寶貝戒掉奶嘴的媽媽們喔！

在戒奶嘴過程中，總結一些需要注意的事項：

- 沒奶嘴吃的時候，小孩會一直摸嘴巴，容易弄得滿嘴口水，要注意，以免得口水疹。
- 口腔期沒得到滿足，很容易轉移到吃手，所以要注意不能讓他養成吃手的習慣。
- 晚上哭鬧時，不能因為貪圖睡眠而妥協，或是心軟而前功盡棄。
- 如果白天託別人照顧，要統一陣線，堅持不給奶嘴的原則。
- 戒奶嘴期會比較沒安全感，晚上睡覺最好在旁邊陪伴，讓寶寶習慣沒有奶嘴也能熟睡。
- 在寶寶面前絕對不提「奶嘴」兩個字，就算寶寶提到時也要轉移他的注意力，不回答，裝沒事。

寶寶刷牙教學

胖nana在刷牙這件事上，算是很乖巧的，至於怎麼讓他喜歡、接受刷牙，有幾個小訣竅分享給各位媽媽。

刷牙養成方式

1.從小讓他習慣牙刷

從胖nana開始長牙，我就用牙刷幫他刷牙，而不是用紗布沾水，或沾嬰兒液狀牙膏來清潔，為的就是讓他從小習慣牙刷這個物品，以及不要讓他咬我的手指。

2.以玩樂為前提，固定時間刷牙

幫他刷牙的時候，我會營造歡樂的遊戲感，讓他感覺刷牙是很開心的。有時候也可以利用教材配合，像是巧虎雜誌就有這類的遊戲教學。同時保持喝完奶在睡前要刷牙才能睡覺的習慣。

3.依照寶寶喜歡的模式給予鼓勵

胖nana很喜歡被人瘋狂讚美說他很厲害，所以在他自己練習刷牙時，我會一直稱讚他好棒、好乖、好厲害，媽媽們可以細心觀察寶寶喜歡什麼樣的鼓勵話語，這樣會更有效。

4.爸媽刷牙示範

寶寶很愛模仿，讓他有和大人一起參與的感覺，他們會很開心！這時爸媽可以藉機教導正確的刷牙方式。像我和胖子都會很誇張地「啊……」、「伊……」，教胖nana張嘴，也會教他來回刷牙的方法。

5.誰先都可以，要輪流刷

一開始寶寶不會刷牙，所以要拿著牙刷教導他們來回刷的動作，等到他們開始有興趣時，可能不想讓爸媽接手幫忙刷乾淨，我便會一直對胖nana說：「刷完了嗎？等一下換我喔！」、「輪到媽媽了嗎？」讓他有自己做和被尊重的感覺。

6.狀況不佳不勉強

有時遇到胖nana鬧情緒，完全不配合刷牙，我就會讓他不用刷牙，但堅持一定要喝水，這樣才不會讓孩子留下刷牙很痛苦的印象。

7.讓他刷個夠

即使寶寶拿著牙刷刷很久，也不要急著收工，或是有不耐煩的焦躁語氣出現，因為刷牙本來就要仔細刷，一方面也可以藉此培養寶寶刷牙的耐心。如果真的太久，記得要先說幾次「可以了！」、「刷乾淨了！」、「要睡覺囉！」用鼓勵的口吻提醒他結束刷牙的動作。

另外要提醒媽媽的是，一定要有耐心，花時間觀察找出自己孩子適用哪套方法，不要有「別人家小孩都可以，怎麼我們家的不行」的比較心態。相信這樣做，一定可以讓孩子喜歡上刷牙，也進而擁有一口好牙。

牙刷的挑選更換

胖nana的第一支牙刷是我在他剛長牙時買的「貝親二階段牙刷」，主要是練習刷牙的感覺和動作，矽膠材質的牙刷可以順便按摩還沒長出牙齒的牙齦。這款階段牙刷有在中間段做了擋片安裝設計，防止寶寶把牙刷插到喉嚨深處。

第二支牙刷則是我在他一歲半時買的「貝親三階段牙刷」，是軟刷毛的材質，主要能訓練胖nana確實地刷到後面的牙齒。這時候，胖nana的牙齒已經長滿多了，也比較能控制刷牙的動作和力道，所以中間的擋片設計就被我拿掉了。

第三支牙刷，是我在胖nana一歲八個月時換的，是大名鼎鼎的akacham電動牙刷。會買電動牙刷主要是因為我們常常外宿，要帶他刷牙沒有像在家那麼方便，也怕沒盒子裝弄髒，而電動牙刷除了可以刷得更乾淨外，還有盒子可以收納，所以就購入了。

I LOVE MY
DADDY!

Chapter SIX

口碑推薦！CP值超高好物

玩具類

我相信很多爸媽和我一樣，因為疼愛小孩，常常失心瘋買了很多東西，但看到有時孩子玩一玩就不玩了，總是有浪費錢的心疼感，畢竟錢難賺啊！以下推薦的這幾款玩具，都是胖nana玩了好久的玩具，絕對物超所值。

1步2步ebulobo【大野狼．露露系列】大野狼與小紅帽遊戲墊

這是法國創意兒童玩具品牌，有大野狼‧露露、熊抱抱‧伍德和開心牧場三個系列，能剛剛好放在嬰兒床裡，對寶寶成長時的視覺、聽覺發展有幫助，還可以訓練手腳踢、抓的協調感。大野狼的頭可以拆下來當枕頭，不同功能的各種布偶還可以放在嬰兒車上玩，此外遊戲墊外圍還有布書，可以說故事給寶寶聽。

購買處：http://www.pcstore.com.tw/edithbabysongyy/M08182153.htm

費雪聲光安撫小海馬

胖nana還滿愛這隻小海馬的，因為我會在胖nana睡覺時把燈全關掉，營造黑夜的感覺，正好小海馬的肚子會發出比小夜燈更微弱的光，連媽媽我本人看了都超想睡！

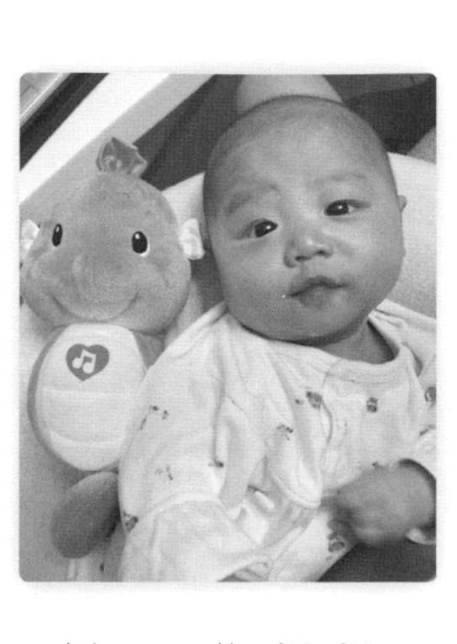

另外，音樂鈴聲極具有和緩安撫功效，還有海裡冒泡泡的聲音，按一次會連播三到四首音樂，媽媽可以不用一直扯鈴放音樂，通常按個兩次，胖nana就會被成功催眠了。

購買處：百貨公司皆有售。

Fisher-Price 費雪牌【跳舞好朋友—螃蟹】

這一顆大球加上四顆小球的玩具，主打的功能是讓寶寶學爬行。開啟後，玩具會先發出「嗚呼」聲，接著就跑掉轉到某處停止，吸引寶寶爬過去碰它。胖nana對這款玩具出乎意料地有興趣，真的會追著爬來爬去，家裡若有開始學爬的寶寶，我很建議媽媽們入手。

購買處：http://www.pcstore.com.tw/edithbabysongyy/M08577359.htm

拉梅茲 LAMAZE 全方位益智啟發玩具：音感小烏龜！

通過美國、歐盟、英國的安全認證，依據拉梅茲養育理論製造的玩具，能幫助各階段寶寶訓練活動、認知、語言與社交能力。

音感小烏龜只要碰觸就有聲音發出，隨便撲、隨便抓、亂拍亂摸都行，不同顏色會有不同的音調。這比較適合年紀小一點的寶寶玩。

購買處：各大百貨公司FUNBOX專櫃、丁丁藥局、誠品書局、玩具反斗城。

OBall 6吋洞洞球（中球）

它有分四吋跟六吋，裡面有小球和沒小球的區別。我購買的是六吋裡有小球的款式，因為有聲音發出，比較能夠吸引寶寶注意。洞洞球有二十八個手指洞設計，讓小孩很好抓，可以藉此訓練手部肌肉。它的材質很軟，是一體成形設計的，所以不用擔心寶寶玩的時候受傷，等寶寶長大一點會玩拋接時還能當球丟，真的可以用很久。胖nana現在兩歲了，我們在家裡丟球就會用這顆球，也不會打爛家裡的電器用品。

購買處：http://www.pcstore.com.tw/twins/M10535971.htm

費雪Fisher Price新聲光套圈

這是胖nana玩很久的超值玩具，直到現在他都還能很精準地把圈圈套進去玩。這款玩具總共收錄了五首歌曲，有三首經典古典樂和兩首兒歌。當星星圈圈套不進去時，它會發出聲音和亮光，很能吸引胖nana的注意力。加上這款玩具的底座是不倒翁

設計，常常讓他抓也抓不到，莫非是可以訓練寶寶的空間感或距離感也說不定。

德國 Hape 音樂木鼓

它們的玩具很有質感，全部都是用天然實木製作的，觸感非常好，而且它的鮮豔色彩是用純植物性水染顏料上色的，天然無毒。爸媽可以教導寶寶模仿大人敲打的節奏，訓練孩子的音樂節奏感，可以使用玩耍的時間很長。

購買處： 
http://www.pcstore.com.tw/edithbabysongyy/M11485697.htm

德國 Hape 音樂饗宴

球掉落時敲到鐵片會有音階，共有八個音階，可以拿出來單獨敲打，還可以順便教小孩學習分辨顏色。此外，鐵片的收邊都不鋒利，安全性很好，一樣是寶寶能玩超久的超高ＣＰ值玩具。

購買處： http://www.pcstore.com.tw/edithbabysongyy/M11485628.htm

Karibu 摺疊澡盆＋浴網

澡盆有腳的設計，具有裝了水想移動澡盆還是很輕鬆的優點。它本身是上下摺疊，皺摺有兩層，連新生兒都可以洗得超省力。此外，它的容量也不是蓋的，胖nana甚至可以在裡頭練習憋氣。它的放水塞還有超酷設計，只要水溫超過三十七度就會變成白色，是很安全的提醒方式。

TOMY 章魚洗澡玩具

這是讓胖nana洗澡時能玩的玩具，除了漂浮底座有數字，玩具本身也有數字，可以邊洗澡邊教小孩認識數字。中間橘色部位在裝滿水之後，就會有蓮蓬頭的效果，光是讓水從那裡流出來，胖nana就可以一直重複玩Ｎ遍也不厭倦。

好物

德國 Hape 泡泡串珠台

這是我超級推薦的好物，寶寶六個月就可以玩，胖nana超級無敵愛，幾乎每天都會玩。主要可以訓練手指靈活度，還有寶寶專注力的培養，很容易在不同階段的玩耍過程中，讓手指變得靈巧。

購買處： http://www.pcstore.com.tw/edithbabysongyy/M10927357.htm

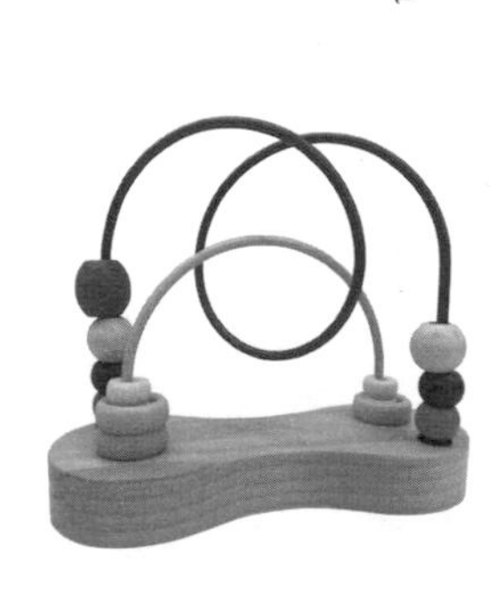

limo 摺疊三輪車

這款時尚三輪車有粉棕色和紅色兩種選擇，外表很符合我講求時尚的期待。它很適合帶寶寶去公園玩耍，或是在家裡附近散步的時候使用。另外，要大讚「腳踏脫鉤」這個設計，只要按下去後，小孩可以踩得很開心，但實際上還是由大人控制方向。

同時，它還有摺疊的功能，買回家裡不占空間，對收納來說是一大幫助。

後頭置物籃還可以放置一些小孩外出的必需用品，如此一來，媽媽就不需要手裡拿著大包小包的，還要撥出手控制三輪車。

摺疊三輪車購買處： http://www.pcstore.com.tw/edithbabysongyy/M11527437.htm、http://www.pcstore.com.tw/edithbabysongyy/M11527422.htm

除了以上這些好物，我還要加碼介紹同性質但更推薦的東西，如畫畫組Desk to GO，它很適合兩歲多的小孩，帶出門不管坐車或吃飯，都可以讓他們隨時畫畫並安靜下來。此外還有布書，以及年紀比較大的小朋友可以玩的拼圖。最推薦的還是星光音樂象，這是費雪海馬的進階版！除了有三種音樂、水流聲、心跳聲之外，還有三種顏色的星光，連兩歲多的胖nana都很喜歡，看著星光會一直說好漂亮，更重要的是，大象比海馬好解釋是什麼生物（笑）！

Desk to GO 畫畫組購買處： http://www.pcstore.com.tw/edithbabysongyy/M16079052.htm

生活類用品

一年的育兒日記

編排精美的三六五天育兒日記本，可以從寶寶誕生第一天就開始記錄，身高、體重、喝奶量……這些吃喝拉撒睡的紀錄，與其說是寶寶日記，還不如說是媽媽的保存回憶本，哈哈！

日記中還貼心收錄很多資訊情報，像是：育兒大補帖，提供給新手媽媽參考；以及超實用的寶寶資訊網站介紹，能讓新手媽媽得到更多育兒情報。

購買處：http://www.books.com.tw/products/0010538152

DexBaby 尿布收納袋

這款收納袋有著可以掛、可以纏繞固定綁的兩種使用方式，牆面上、嬰兒床、衣櫃……只要是覺得方便的地方都可以。它的收納格滿多的，可以放乳液、護唇膏、濕紙巾、口水巾、衛生紙、奶嘴……等等物品。

Skip Hop 無毒地墊

標榜無毒的Skip Hop地墊，光是聞起來就沒有任何味道，和市面上常見地墊的

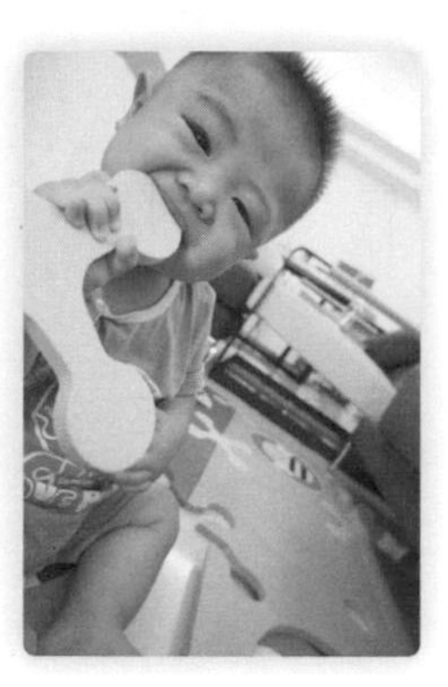

塑膠味相比，讓人安心很多。它有滿多花色圖案可以選擇，小動物圖案經常大缺貨，不過可以混搭也可以同色，說明書上也有很多拼法可以提供參考。

胖nana到了大一點之後，會開始拆地墊，長牙齒之後還愛啃地墊，所以無毒成分就很重要。加上這款地墊的色彩圖案看起來時尚美觀，搭配家具賞心悅目，這也是我很推薦的原因之一。雖然價格高了點，但我要生很多個小孩啊！每個小孩都使用這樣換算下來，其實也沒多少錢。哈哈！

地墊購買處： https://www.facebook.com/edithbabysongyy

Stokke Tripp Trapp 成長椅

這是一張可以從小坐到大的椅子，雖然單價高，但實際精算後會發現ＣＰ值極高。

因為挪威籍設計師發現，孩子長大只有身體和腳一直變長，其實從小到大坐的位置都相

都相同，所以設計了這款椅子。

這張椅子即使是大人坐都很穩，可以隨著孩子長高，一格一格放長。如果寶寶還小，可以加購baby Set，藉由安全護欄和高靠背來固定愛亂動又不太會坐的小寶寶。

所有周邊的安全措施都處理得很完善，讓孩子可以和大人同桌吃飯，和一般兒童椅的視野完全不同，還能伴隨著他長大。

購買時建議要加購長型穩定片，防止小孩亂蹬，導致椅子重心不穩。

購買處：http://www.stokke.com/zh-tw/highchair.aspx

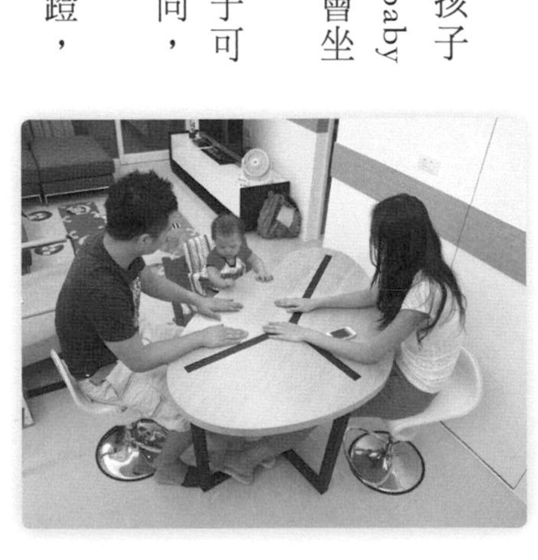

3sprouts 收納組合

3sprouts收納組來自加拿大，主打的就是能收納好小孩的玩具、故事書、衣物……每款收納工具上頭都有可愛圖案，讓家裡看來整潔又很有活力，而且全系列都是防水防髒的，省去清洗問題。

1. 3sprouts 收納箱

底部有板子能讓箱子呈現硬挺狀，圖案動物都超療癒，看起來很幽默。我是將收納箱放在沒有門片的櫃子中，填滿空格，這樣雜七雜八的東西就不會讓人一眼看到，顯得家裡環境凌亂。

2. 3sprouts 收納籃

和收納箱很類似，不過是軟的材質，所以可以裝更多大型不規則玩具，或是放在更衣間當作收納衣物的容器，像我就是拿來放置媽媽包這類用品。

3. 3sprouts 手提收納袋

這個很好用，因為有手提的把手設計，可以讓胖nana自己拖著行動，收納玩具時可以根據類別歸納，想玩哪種玩具就搬哪袋，不但可以省力氣，也能讓雜亂玩具在家中隱形起來。

4. 3sprouts 洗衣籃

上方有兩片軟板重疊著，中間開洞可以將衣服直接丟進去，要洗衣服時，只要將兩片軟板打開，就能像提洗衣籃一樣提去洗衣機前清洗，非透明的設計還能讓髒衣物不被看見，加上美觀漂亮的外型，真是深得我心啊！

5. 3sprouts 掛壁式收納袋

這商品要另外自己買掛鉤，而且還要特別注意掛鉤的承重量。可以掛在房門後、衣櫃側面，三格的收納空間還不小，放得下不少雜物，一些眼鏡、配件、尿布墊等等物品就可以統統丟到裡面！

6. 3sprouts 推車置物袋

每次推嬰兒車出門，將手機、飲料、鑰匙、水杯、零食……這些東西放入包包，要掏出來時很麻煩，放在推車下的置物籃又要彎腰拿，有了這個置物袋就方便很多了，所有物品都能擺在推車手把邊，而且適用每台推車，相當方便，省掉翻找拿東西的繁瑣時間。

7. 3sprouts 玩具箱

有上蓋，可以用來收納小朋友的衣服，只要利用買東西的紙袋摺一摺，就能製造出大箱子裡面的隔間，還可以放兩層，很不賴！

購買處： http://www.pcstore.com.tw/edithbabysongyy/S756929.htm

衣物類用品

很多人問我胖nana的衣服都去哪裡買？我一向崇尚美國簡約有型的穿衣風格，所以胖nana很多衣服都是在網路上買的美國童裝品牌，不僅他穿起來舒服自在，和我出門時也比較搭，哈哈！美國童裝價錢實在是太可愛了！我常常覺得：「哇！好便宜、好便宜～」然後買一大堆。我大都是請在當地的朋友幫忙買，或是在網路找代購買家購買。

Carter's

它是胖nana一歲以前，我購買最多的品牌，通常我會直接點進去sale的連結，不管是嬰兒的兩件組、兔裝、包屁衣，一件大概都是台幣一百八十元以內的價格；三件組大概一件台幣一百二十元左右。這種價格平實、設計可愛、材質又好的寶寶衣，在台灣根本買不到。

畢竟，寶寶成長得快，一下子就穿不到，所以就算再愛買，價格也不能超過我心中的預算，而且真的不需要花大錢，我寧願同樣的錢多買幾件。

OshKosh

這牌子的顏色大多很鮮豔，圖案設計也比Carter's成熟，寶寶穿起來，有一種街頭休閒的流行感，但同時又兼顧了舒適度與活動性，也是我滿愛買的品牌之一。平常我都是挑優惠活動的時候下手購買，價格相當便宜實惠，超划算！

購買處： http://www.oshkosh.com/

GAP

GAP的價位就比較高，款式設計也比較成熟，是很標準的美式休閒風格。不過，我自己覺得這牌子要年紀大一點、會走路的寶寶來穿，才比較能呈現出好看度，整天穿著在地上爬，和衣服真的滿不搭的。

購買處： http://www.gap.com/

Old Navy

如果覺得GAP的價格下不了手，那麼Old Navy倒是可以考慮，因為同樣也是美式休閒風格，價格卻實惠很多，即使是特價品也能撿到便宜又可愛的好貨，連我有時候都會在大人區失心瘋地狂掃。

購買處： http://oldnavy.gap.com/

Gymboree

這牌子我常去逛，不過尺寸常常不齊全，有時候逛了老半天看到喜歡的，都只剩下3M的，可見人氣有多高。

購買處： http://www.gymboree.com

金治毛巾

對於很常流口水的嬰兒來說，圍兜兜、口水巾是生活中很重要的物品。金治毛巾來自日本產棉盛地，吸水性、掉毛率、抗菌性和染色性質都符合「imabar towel」認證標準。

紗布棉的材質，除了觸感舒服外，吸水性真的超級好，口水一滴馬上就能吸除，瞬間清爽！它也有浴巾系列產品，幫寶寶洗澡時，按壓一下就能搞定，不用擔心時間拖太久，讓寶寶冷到。

購買處： http://www.b-baby.com.tw/

Hoppetta 外出系列

來自日本的Hoppetta，圖案設計都超可愛，圍兜口水巾的吸水力和觸感相當好，設計也很貼心。另外，多功能蘑菇夾+手帕組也是我大推的，兩種物品可以拆開使用，專利夾子具有不容易被扯掉的特性。

另外，六層紗防踢被和蘑菇被，更是媽媽的好幫手，由六層紗堆疊成，可吸收水氣和快速排汗，同時又達到保暖的功效。而且，這款圖案實在是太可愛了，看到真的無法忍住不買！

購買處：http://www.hoppetta.com.tw/

Max Daniel 頂級攜帶毯、成人毯、RTB 長統襪

這是很容易讓人深陷無法自拔的好物，在胖nana還沒出生前，我就已經先入手兩條了！

1. 動物紋寶寶毯．美洲豹

兩面動物刷毛，摸起來的觸感超柔軟，而且不會掉毛，蓋在寶寶細嫩的肌膚上不用擔心寶寶會不舒服。此外，清洗也很方便，裝在洗衣袋放入洗衣機裡就能清洗，高質感卻不用刻意保養，很棒吧！

2. 動物紋安撫巾．黑白美洲豹

這也是很棒的東西，不知道媽媽們有沒有發現？有些寶寶很喜歡手抓著東西睡覺，在那邊摸啊、揉的，然後再慢慢入眠。安撫巾就是可以讓小孩抱在身邊，達到安撫的效果，讓寶寶很有安全感地入睡，加上此款材質又好，可以放心貼身使用。

3. 成人毯．粉紅雪豹

這是我獨享的毯子，偶爾也會分胖nana一杯羹，哈哈！因為我過敏很嚴重，都不敢蓋毛毯，雖然它是動物刷毛，卻不是採用動物皮毛製成的，所以不會引起過敏，我蓋過也證明完全不會「哈啾」！

4. RTB 寶寶長統襪

有很多花色可選，染料通過歐洲最高安全指標的Oeko-Tex國際環保紡織協會認證，在黑心商品氾濫的現在，會讓人覺得安心。腳底有防滑設計，腳踝和足弓處也有不易移位的抓綴設計，讓寶寶的腳可以隨時隨地保暖。

購買處： http://www.ibq.com.tw/

Little Giraffe 小涼被、冷熱兩用小枕頭

1. 豪華奶油點點枕頭

正反兩面，一面是涼感的緞面、一面是柔軟的毛料，一年四季都可使用，CP值很高。

購買處： http://www.pcstore.com.tw/edithbabysongyy/M12340198.htm

2.天鵝絨豪華小點點嬰兒毛毯

超短毛的天鵝絨材質，不會有掉毛的問題，摸起來很舒服，還有涼爽的感覺。吹冷氣時可蓋天鵝絨那面；吹電扇時可蓋緞面那面，很適合外出攜帶。

購買處： http://www.pcstore.com.tw/edithbabysongyy/S641893.htm?s_page=1&st_sort=7

國家圖書館出版品預行編目資料

超好孕！正妹媽咪盧小蜜的快樂育兒經 /
盧小蜜著 .
-- 初版 . -- 臺北市 : 平安文化 , 2014.04
面 ; 公分 .-- (平安叢書 ; 第 441 種)(親愛關係 ;
9)
ISBN 978-957-803-904-9 （平裝）
1. 懷孕 2. 生產 3. 育兒

429.12 103005772

平安叢書第 441 種
親愛關係 9

超好孕！正妹媽咪盧小蜜的快樂育兒經

作　　者—盧小蜜
發 行 人—平雲
出版發行—平安文化有限公司
台北市敦化北路 120 巷 50 號
電話◎ 02-27168888
郵撥帳號◎ 18420815 號
皇冠出版社 (香港) 有限公司
香港上環文咸東街 50 號寶恒商業中心
23 樓 2301-3 室
電話◎ 2529-1778　傳真◎ 2527-0904
責任主編—龔橞甄
責任編輯—張懿祥
美術設計—王瓊瑤
著作完成日期—2013年12月
初版一刷日期—2014年4月

法律顧問—王惠光律師

讀者服務傳真專線◎ 02-27150507
電腦編號◎ 525009
ISBN ◎ 978-957-803-904-9
Printed in Taiwan
本書定價◎新台幣 280 元 / 港幣 93 元

皇冠60週年回饋讀者大抽獎！600,000現金等你來拿！

參加辦法 即日起凡購買皇冠文化出版有限公司、平安文化有限公司、平裝本出版有限公司2014年一整年內所出版之新書，集滿書內後扉頁所附活動印花5枚，貼在活動專用回函上寄回本公司，即可參加最高獎金新台幣60萬元的回饋大抽獎，並可免費兌換精美贈品！

●有部分新書恕未配合，請以各書書封（書腰）上的標示以及書內後扉頁是否附有活動說明和活動印花為準。
●活動注意事項請參見本扉頁最後一頁。

活動期間 寄送回函有效期自即日起至2015年1月31日截止（以郵戳為憑）。

得獎公佈 本公司將於2015年2月10日於皇冠書坊舉行公開儀式抽出幸運讀者，得獎名單則將於2015年2月17日前公佈在「皇冠讀樂網」上，並另以電話或e-mail通知得獎人。

60週年紀念大獎1名：獨得現金新台幣60萬元整。

●獎金將開立即期支票支付。得獎者須依法扣繳10%機會中獎所得稅。●得獎者須本人親自至本公司領獎，並於領獎時提供相關購書發票證明（發票上須註明購買書名）。

讀家紀念獎5名：每名各得《哈利波特》傳家紀念版一套，價值3,888元。

經典紀念獎10名：每名各得《張愛玲典藏全集》精裝版一套，價值4,699元。

行旅紀念獎20名：每名各得 deseño New Legend尊爵傳奇28吋行李箱一個，價值5,280元。

●獎品以實物為準，顏色隨機出貨，恕不提供挑色。
●deseño 尊爵系列，採用質感金屬紋理，並搭配多功能收納內襯，品味及性能兼具。

時尚紀念獎30名：每名各得 deseño Macaron糖心誘惑20吋行李箱一個，價值3,380元。

●獎品以實物為準，顏色隨機出貨，恕不提供挑色。
●deseño 跳脫傳統包袱，將行李箱注入活潑色調與簡約大方的元素，讓旅行的快樂不再那麼單純！

詳細活動辦法請參見
www.crown.com.tw/60th

主辦：皇冠文化出版有限公司
協辦：平安文化有限公司
平裝本出版有限公司

皇冠60週年集點暨抽獎活動專用回函

請將5枚印花剪下後，依序貼在下方的空格內，並填寫您的兌換優先順序，即可免費兌換贈品和參加最高獎金新台幣60萬元的回饋大抽獎。如遇贈品兌換完畢，我們將會依照您的優先順序遞換贈品。

●贈品剩餘數量請參考本活動官網（每週一固定更新）。所有贈品數量有限，送完為止。如贈品兌換完畢，本公司有權更換其他贈品或停止兌換活動（請以本活動官網上的公告為準），但讀者寄回回函仍可參加抽獎活動。

1. ____________ 2. ____________ 3. ____________

●請依您的兌換優先順序填寫所欲兌換贈品的英文字母代號。

1 2 3 4 5

□（**必須打勾始生效**）本人____________（**請簽名，必須簽名始生效**）同意皇冠60週年集點暨抽獎活動辦法和注意事項之各項規定，本人並同意皇冠文化集團得使用以下本人之個人資料建立該公司之讀者資料庫，以便寄送新書和活動相關資訊。

我的基本資料

姓名：____________

出生：______年______月______日　性別：□男　□女

身分證字號：____________（僅限抽獎核對身分使用）

職業：□學生　□軍公教　□工　□商　□服務業

□家管　□自由業　□其他

地址：□□□□□ ____________

____

電話：（家）____________（公司）____________

手機：____________

e-mail：____________

□我不願意收到皇冠文化集團的新書、活動edm或電子報。

●您所填寫之個人資料，依個人資料保護法之規定，本公司將對您的個人資料予以保密，並採取必要之安全措施以免資料外洩。本公司將使用您的個人資料建立讀者資料庫，做為寄送新書或活動相關資訊，以及與讀者連繫之用。您對於您的個人資料可隨時查詢、補充、更正，並得要求將您的個人資料刪除或停止使用。

皇冠60週年集點暨抽獎活動注意事項

1. 本活動僅限居住在台灣地區的讀者參加。皇冠文化集團和協力廠商、經銷商之所有員工及其親屬均不得參加本活動，否則如經查證屬實，即取消得獎資格，並應無條件繳回所有獎金和獎品。
2. 每位讀者兌換贈品的數量不限，但抽獎活動每位讀者以得一個獎項為限（以價值最高的獎品為準）。
3. 所有兌換贈品、抽獎獎品均不得要求更換、折兌現金或轉讓得獎資格。所有兌換贈品、抽獎獎品之規格、外觀均以實物為準，本公司保留更換其他贈品或獎品之權利。
4. 兌換贈品和參加抽獎的讀者請務必填寫真實姓名和正確聯絡資料，如填寫不實或資料不正確導致郵寄退件，即視同自動放棄兌換贈品，不再予以補寄；如本公司於得獎名單公佈後10日內無法聯絡上得獎者，即視同自動放棄得獎資格，本公司並得另行抽出得獎者遞補。
5. 60週年紀念大獎（獎金新台幣60萬元）之得獎者，須依法扣繳10%機會中獎所得稅。得獎者須本人親自至本公司領獎，並提供個人身分證明文件和相關購書發票（發票上須註明購買書名），經驗證無誤後方可領取獎金。無購書發票或發票上未註明購買書名者即視同自動放棄得獎資格，不得異議。
6. 抽獎活動之Deseno行李箱將由Deseno公司負責出貨，本公司無須另行徵求得獎者同意，即可將得獎者個人資料提供給Deseno公司寄送獎品。Deseno公司將於得獎名單公布後30個工作天內將獎品寄送至得獎者回函上所填寫之地址。
7. 讀者郵寄專用回函參加本活動須自行負擔郵資，如回函於郵寄過程中毀損或遺失，即喪失兌換贈品和參加抽獎的資格，本公司不會給予任何補償。
8. 兌換贈品均為限量之非賣品，受著作權法保護，嚴禁轉售。
9. 參加本活動之回函如所貼印花不足或填寫資料不全，即視同自動放棄兌換贈品和參加抽獎資格，本公司不會主動通知或退件。
10. 主辦單位保留修改本活動內容和辦法的權力。

寄件人：

地址：□□□□□

請貼郵票

10547 台北市敦化北路120巷50號

皇冠文化出版有限公司　收